EXPOSITION UNIVERSELLE

D'AUTEUIL

ACTES DE SOCIÉTÉ

PARIS

IMPRIMERIE DE FÉLIX MALTESTE & Cie
22, rue des Deux-Portes-Saint-Sauveur, 22

—

1868

SOCIÉTÉ

DU

PALAIS DE L'EXPOSITION UNIVERSELLE

ENTRE LES SOUSSIGNÉS :

1° M. Ernest Buon, propriétaire, demeurant à Paris, place Vendôme, n° 16,
d'une part ;

2° M. Ch. Viboux, banquier à Colmar,   d'autre part ;

IL A ÉTÉ CONVENU ET EXPOSÉ CE QUI SUIT :

Depuis le 10 mai 1860, M. Buon ayant communiqué à M. Viboux un projet d'Exposition universelle internationale et permanente pour tous les produits des sciences, des arts, de l'agriculture, de l'industrie et du commerce, des études préalables ont été faites par les soussignés, soit ensemble, soit séparément, pour arriver à la combinaison la meilleure, afin d'assurer le succès de cette entreprise. Il fut dès lors arrêté en principe que les soussignés concourraient dans une égale proportion aux premiers frais à faire, sauf à réunir ultérieurement des fonds plus considérables pour assurer l'exécution complète de leurs projets.

Au commencement de l'année courante, la lettre de l'Empereur annonçant la levée des prohibitions vint ouvrir à l'industrie de tous les pays des horizons nouveaux, et donner au projet de l'Exposition un plus grand caractère d'opportunité.

Enfin, suivant conventions verbales, MM. Beaumier et Miguel, qui avaient précédemment étudié un projet de même nature, vinrent se joindre aux soussignés pour traiter avec eux de leurs intérêts ; ils apportaient à cet effet :

1° Une lettre du cabinet de l'Empereur par laquelle Sa Majesté déclarait approuver le projet d'une Exposition universelle et permanente ;

2° Une dépêche officielle du Ministre de l'agriculture, du commerce et des travaux publics, lequel déclarait qu'après s'être sonsulté avec son collègue des finances, il concédait à M. Beaumier le droit de faire entrer en franchise tous les échantillons de marchandises étrangères, même prohibées et sans lacération, dans la proportion, par exemple, d'une pièce entière de drap, pour tous les draps de la même espèce.

Tous ces documents officiels ont été confirmés par des extraits des archives du cabinet de l'Empereur et du Ministère susdésigné, en date des 6 et 14 novembre 1861.

Les soussignés munis de ces pièces importantes, ainsi que de toutes les études préalables et ayant, de plus, rencontré déjà auprès d'un grand nombre d'industriels et de commerçants un concours empressé d'abonnements et de sympathie, ont arrêté ensemble et de la manière suivante les conditions d'une Association en participation entre eux, afin de réaliser l'exécution de leur projet.

ARTICLE PREMIER.

Une Association en participation est présentement formée entre MM. Buon et Viboux qui l'acceptent. Cette Association aura pour gérant M. Buon seul, agira en son nom seul, et comme directeur gérant ; M. Viboux ne sera qu'associé commanditaire, et obligé seulement à ce titre vis-à-vis M. Buon seul, et dans les limites qui vont être fixées.

M. Viboux déclare ici à M. Buon que différents capitalistes, dont les engagements directs pris avec M. Viboux n'ont rien de commun avec M. Buon, ont, conjointement avec M. Viboux, rendu disponible un capital de 500,000 fr., lequel sera créé au fur et à mesure des besoins de l'Association par M. Viboux et à titre d'apport à l'Association, afin de faire face à tous les frais nécessaires pour réunir comme abonnés les exposants de produits, à la condition, toutefois, *que ces capitalistes, compris collectivement et chacun pour sa part dans la portion représentée dans l'Association en participation par M. Viboux, auront le droit, aussitôt que le chiffre de 50,000 mètres de surface sera souscrit, de participer à la construction du Palais approprié aux Expositions, pour la somme de 10 millions.*

Il est entendu que jusqu'à la réalisation complète du chiffre de 50,000 mètres fixé, comme étant suffisant pour assurer le succès de l'entreprise, les capitalistes présentement représentés par M. Viboux, et que bien que confiants dans l'avenir du projet, préfèrent mettre en avant leurs capitaux que leurs noms pourront s'abstenir de tous actes publics, de nature à les faire connaître ; de son côté, M. Buon apporte à la présente Association : son projet d'Exposition, les études qu'il a faites pour le réaliser, le concours des industriels et des commerçants qui auront adhéré à cette entreprise, et enfin son industrie personnelle et son temps consacré à faire réussir cette opération.

— 3 —

ART. 2.

La présente Association a pour objet :

1° De faire souscrire *un minimum de* 50,000 *mètres* de superficie destinée aux personnes qui s'abonneront pour exposer leurs produits ou leurs tableaux indicateurs ;

2° D'acquérir ou faire apporter à l'Association en participation les quantités de terrain ou les emplacements nécessaires pour construire le Palais approprié aux Expositions.

3° D'exploiter le Palais construit pour l'établissement d'une Exposition universelle internationale et permanente de tous les produits des sciences, des arts, de l'agriculture, de l'industrie et du commerce, *en faisant payer aux exposants* un prix de location annuel pour les surfaces accupées par leurs produits ou par leurs tableaux indicateurs.

ART. 3.

M. Viboux met à la disposition de M. Buon, comme apport de la présente Association, *une somme de* 500,000 *fr.,* laquelle sera comptée *au fur et à mesure des besoins* du service d'organisation.

M. Buon devra tenir tous les livres nécessaires à la comptabilité et justifier régulière-ment de l'emploi de toutes les sommes; à cet effet, dans les cinq premiers jours de chaque mois, M. Buon devra adresser à M. Viboux la balance générale des comptes et *l'état des engagements* pris pour l'Association en participation par M. Buon vis-à-vis des tiers, ainsi que le relevé des abonnements souscrits, afin que le tout, avec pièces justificatives à l'appui, puisse être soumis à l'appréciation des intéressés.

ART. 4.

Les rapports de M. Viboux avec M. Buon seront réglés d'après les décisions prises mensuellement par les capitalistes participants, tous représentés par M. Viboux auprès de M. Buon. En raison de la responsabilité morale, de la marche et du succès de l'entre-prise qui incombe à M. Viboux vis-à-vis des capitalistes ; *celui-là pourra toujours mettre fin à ses envois d'espèces, s'il reconnaît que le projet n'a plus de chances d'aboutir,* mais à charge bien entendu, dans ce cas, de régler et payer intégralement le montant des engagements dont il aurait été fourni état par les balances mensuelles et les dernières pièces justifi-catives.

ART. 5.

M. Buon, associé participant, agissant seul en son nom propre pour la présente Asso-ciation, aura le droit de choisir tout le personnel d'agents et d'employés qui lui seront nécessaires, comme aussi de révoquer ceux de tous ordres qui lui paraîtront insuffisants et inutiles ;

Il signera tous engagements et traités avec les tiers employés et abonnés ou tous autres, et tous marchés d'entreprises et de fournitures, comme fondateur et comme associé en participation ; il fera seul et en sou nom tous les actes de gestion, d'administration et de direction nécessaires à la réalisation complète de l'objet de l'Association, sans que l'énumération faite dans cet article ait rien de délimitatif;

Mais, dans tous les cas, il devra donner avis de toutes les opérations faites par lui dans les cinq premiers jours du mois suivant, lors de l'envoi des balances et pièces justificatives dont il a été parlé à l'article 3.

ART. 6.

Tous les articles accomplis par M. Buon et antérieurs aux présentes conventions, sont ratifiés et acceptés par M. Viboux.

ART. 7.

Les polices pour les abonnements ou la location des mètres affectés aux produits des exposants pourront toujours être modifiées pour les engagements futurs, suivant les nécessités reconnues, mais ces modifications ne pourront être faites que d'un commun accord.

ART. 8.

Lorsque les 50,000 mètres d'abonnement auront été souscrits et que le montant de la première annuité aura été versé chez le banquier de l'entreprise, on procédera à la construction du Palais de l'Exposition, au moyen des 10,000,000 que les fondateurs se sont réservé d'apporter à l'Association, comme il a été dit plus haut.

ART. 9.

Le capital de la présente Association, soit les 10,000,000 affectés à la construction, soit les 500,000 fr. pour faire la souscription d'abonnement aux 50,000 mètres, sera amorti par l'emploi fait pour cet usage de tout l'actif des produits de chaque année, après la déduction des frais généraux de cette même année.

Ce dégrèvement progressif constituera, au fur et à mesure des libérations, un bénéfice au profit des fondateurs qui, une fois que le total du dit capital dépensé par l'Association sera amorti, auront seuls le droit à tout l'actif social, et tous les bénéfices qui pourront en résulter.

ART. 10.

Comme *représentation de ce bénéfice*, 1,000 *parts bénéficiaires* sont créées ; elles ne représentent aucune partie du capital affecté, soit aux souscriptions d'abonnements à faire, soit aux constructions du Palais à élever.

Chaque part donne simplement droit à 1 millième dans tous les bénéfices, meubles ou immeubles, qui seront obtenus au moyen du dégrèvement dont il est parlé à l'article 9, c'est-à-dire à tout l'actif social qui sera libéré de l'apport des fonds apportés dans l'Association par l'effet de l'action successive et périodique de l'amortissement.

ART. 11.

Ces mille parts bénéficiaires seront réparties de la manière suivante :

1° 200 parts sont réservées pour être données entières ou par fractions à tous ceux qui, par leurs bons travaux ou à quelques autres titres que ce soit, auront concouru au succès de l'entreprise ; ces 200 parts formeront une série particulière ; ci. **200**

2° 375 parts sont attribuées à M. Buon; ci. **375**

3° Enfin, 425 parts appartiendront à M. Viboux, sauf à celui-ci, quand il le jugera opportun, de faire connaître le nom des titulaires, afin que la transmission en soit facile à qui de droit. **425**

Total. **1,000**

ART. 12.

La série des 200 parts destinée à rémunérer les services de tous ceux qui auront concouru à la prospérité de l'Association, ne donnera droit qu'à la perception des bénéfices; les porteurs de parts de cette série ne seront jamais consultés dans les décisions à prendre ; *ces 200 parts seront seules divisibles par dixième, afin de se prêter plus facilement à la rémunération des divers services rendus à l'Association.*

ART. 13.

Toutes les parts bénéficiaires seront nominatives; elles seront extraites d'un registre à souche, numérotées et revêtues de la signature de M. Buon.

La transmission s'en opère conformément à l'article 36 du Code de commerce.

Aucune transmission ne pourra s'opérer au profit d'étrangers à la présente Association que trente jours après une notification officieuse, faite dans le bureau de l'Exposition, des conditions de ladite transmission; chaque associé, ainsi averti, aura un droit de préférence pour acquérir les parts à céder aux conditions offertes. Après ce délai de trente jours expiré, sans aucune offre de la part des Associés, la transmission pourra être réalisée.

ART. 14.

Chaque part est indivisible; l'Association ne reconnaît qu'un propriétaire pour une part, sauf ce qui est dit au dernier alinéa de l'article 12, pour la série des parts réservées à rémunérer les services rendus, lesquelles parts sont divisibles par dixièmes.

ART. 15.

Les droits d'obligations attachés à chaque part suivent le titre régulièrement transmis, dans quelques mains qu'il passe.

ART. 16.

Les héritiers ou créanciers d'un propriétaire de parts ne peuvent, sous quelque prétexte que ce soit, former opposition, provoquer l'apposition des scellés sur biens et valeurs de l'Association, en demander le partage ou la licitation, ni s'immiscer en aucune manière dans son administration ; ils doivent, pour l'exercice de leurs droits, s'en rapporter exclusivement aux inventaires et livres tenus par l'Association.

ART. 17.

Lorsque 50,000 mètres auront été souscrits, un Comité d'organisation sera élu par les abonnés exposants ; ce Comité choisira les banquiers qui seront dépositaires de la première annuité des prix d'abonnement pour les surfaces occupées par les produits; ils feront le règlement général pour fixer le classement des produits d'accord avec les fondateurs.

ART. 18.

La durée de la présente Association est fixée à trente et un ans, sauf les stipulations du présent acte, pour le cas de liquidation anticipée.

Toutefois, pendant la durée de ladite Association, les parties pourront toujours convertir la présente Association en une Société commerciale, soit anonyme, soit en commandite, dont les dispositions présentes serviront de bases principales.

ART. 19.

Si M. Buon vient à décéder avant la réalisation des 50,000 mètres, M. Viboux choisira son successeur, à charge de réserver aux héritiers de M. Buon la moitié des parts bénéficiaires qui lui sont attribuées au paragraphe 2 de l'article 11 ; mais si ce décès arrivait après ladite réalisation, M. Viboux aura toujours le droit de désigner le successeur de M. Buon; mais, dans ce cas, la totalité des parts réservées à M. Buon reviendra à ses héritiers.

ART. 20.

La présente Association étant faite en participation, chacun des Associés participants pourra faire enregistrer le présent acte ; mais elle ne sera soumise à aucune formalité de publications légales.

Fait double à Paris, le 2 décembre 1861.

Approuvé l'écriture,

Signé : E. BUON.

Approuvé l'écriture,

Signé : Ch. VIBOUX.

Enregistré à Paris, le 10 décembre 1861, f° 168, v°, c° 7. Reçu 5 fr. 50 c., décime compris.

Pour copie conforme à l'original saisi le 5 septembre 1863, au siége de la Société de l'Exposition universelle et permanente, boulevard des Capucines, 35, dans les bureaux du sieur Pierre-Ernest Buon, et déposé au cabinet de M. le juge d'instruction de l'arrondissement de Colmar.

Le Commis-Greffier,

Signé : J.-V. BELSUN.

ASSOCIATION

DE

L'EXPOSITION UNIVERSELLE ET PERMANENTE

ENTRE LES SOUSSIGNÉS :

1° M. Ernest Buon, propriétaire demeurant à Paris, boulevard des Capucines, 35,
d'une part ;

2° M. Ch. Viboux, banquier à Colmar et à Mulhouse, demeurant à Colmar, lequel déclare ici qu'il agit tant en son nom personnel qu'au nom de divers capitalistes, dont il restera le seul représentant vis-à-vis de M. Buon, d'autre part ;

IL A ÉTÉ EXPOSÉ ET CONVENU CE QUI SUIT :

Par acte sous signature privée fait à Paris à la date du 2 décembre 1861, et enregistré à Paris le 10 du même mois de décembre, f° 168, v° 7, au droit de 5 fr. 50 c., décime compris, une Association a été formée entre MM. Buon et Viboux à l'effet :

1° De réunir un nombre suffisant d'abonnés exposants pour occuper à titre de location un emplacement minimum de 50,000 mètres de surface dans le palais de l'Exposition universelle et permanente, que les soussignés se sont proposé d'édifier à Paris ;

2° De faire les acquisitions de terrains nécessaires à la construction de ce Palais et d'en réaliser la construction et l'exploitation.

Pour satisfaire à la première de ces conditions, une somme de 500,000 fr. a été apportée à l'Association par M. Viboux. En second lieu, des terrains, qui seront désignés plus bas, ont été acquis de divers, et enfin les constructions ont été commencées sur lesdits terrains.

M. Viboux a seul apporté les différentes sommes au moyen desquelles l'Association a réalisé ces opérations ; elles s'élèvent jusqu'à ce jour à un chiffre de 2,600,000 fr.

Ledit acte de l'Association mentionne l'approbation accordée au projet de création d'une Exposition universelle et permanente par S. M. l'Empereur, et les autorisations données par les ministres des Finances et du Commerce pour en faciliter l'exécution.

Dans cet état les parties ont jugé nécessaire de modifier et compléter l'acte d'Association du 2 décembre, et en raison de ces compléments et modifications, elles ont dressé, ainsi qu'il suit, l'acte définitif annulant toutes les conditions précédentes.

FONDATION DE LA SOCIÉTÉ. — SON OBJET.

ARTICLE PREMIER.

Une Association en participation est formée entre MM. Ernest Buon et Charles Viboux.

ART. 2.

La présente Association a pour objet :

1° L'achat de tous les terrains nécessaires pour la construction du palais de l'Exposition universelle et permanente, des annexes ou dépendances qui sont ou seront reconnus utiles, des entrepôts ou magasins généralement destinés à recevoir les marchandises ;

2° L'ouverture de voies nouvelles à créer pour faciliter l'accès des constructions à édifier, soit en faisant exécuter directement ces voies nouvelles, soit par voie d'abandon à la ville des terrains nécessaires pour l'ouverture de ces nouveaux chemins et rues ;

3° La location et la vente des terrains qui ne seraient pas employés à des constructions ;

4° La location des emplacements du Palais ou de ses annexes pour recevoir les produits des sciences, des arts, de l'agriculture, de l'industrie et du commerce provenant de tous les pays, sans exception.

5° L'exploitation du Palais de l'Exposition universelle et permanente et de ses annexes par des locations. L'exploitation des entrepôts et magasins généraux pour y recevoir toute espèce de marchandises dont les échantillons seront exposés, les prendre en consignation, les vendre à la commission ou aux enchères publiques, conformément à la loi sur les magasins généraux, le tout suivant que l'on aura accepté les marchandises en consignation, en faisant de simples avances sur ces marchandises comme consignataires, ou bien qu'on les aura prises comme commissionnaires pour en opérer le placement, ou bien qu'on les aura reçues dans les magasins généraux en prêtant sur ces marchandises sous la forme de warrants.

6° *Créer tous journaux quotidiens, hebdomadaires ou mensuels ou acheter des journaux déjà existants, ou bien encore traiter avec ces journaux pour avoir droit à une partie de la propriété et assurer ainsi le succès des opérations de l'Association en les appuyant par des publications périodiques ;*

7° L'objet de la présente Asoociation s'étend encore à toutes les opérations qui peuvent être la conséquence ou le complément de celles qui ont été désignées, conformément aux usages, la présente énonciation n'ayant rien de limitatif.

ART. 3.

La durée de la présente Association est fixée à trente et un ans, à dater de ce jour ; son siége est établi boulevard des Capucines, n° 35, à Paris. Pendant toute la durée de ladite Association, les parties pourront toujours la convertir en une Société commerciale soit anonyme ou autre, dont les dispositions présentes serviront de base principale.

ART. 4.

M. Ernest Buon administrera et gérera la présente Association, en son nom seul, comme Directeur de ladite Association ; M Viboux n'intervient comme associé qu'à titre de commanditaire, n'étant obligé que vis-à-vis de M. Buon seul et seulement dans les limites des sommes qu'il a versées ou doit encore verser.

Afin de préciser par un titre l'objet de la présente Association, celle-ci prendra la dénomination suivante : Association de l'Exposition universelle et permanente.

M. Buon exercera tous les pouvoirs nécessaires afin d'arriver à la réalisation complète de l'objet de l'Association. Il prendra dans tous les actes le titre de Directeur général, dont il devra faire précéder ou suivre sa signature toutes les fois qu'il agira au nom de l'Association.

CAPITAL DE L'ASSOCIATION

ART. 5.

L'Association possède des terrains d'une contenance de 112,170 mètres 38 centimètres.

Ces terrains, situés à Paris, quartier d'Auteuil, forment un ensemble se composant de quatre parties :

1° 95,800 mètres acquis de M. Erlanger, banquier à Paris, aux prix, clauses et conditions stipulés dans un acte de vente reçu par Mᵉ Lavoignat, notaire à Paris, le 19 mars 1862 ;

2° 2,000 mètres acquis de M. Jean-Gaspard Marly, aux prix, clauses et conditions stipulés dans un acte de vente reçu par Mᵉ Lavoignat, notaire à Paris, les 21 et 22 mars 1862 ;

3° 2,500 mètres 80 centimètres acquis de M. Frédéric Voizot, juge au tribunal de Versailles, aux prix, clauses et conditions stipulés dans un acte de vente reçu par Mᵉ Lavoignat, notaire à Paris, le 3 mai 1862 ;

4° 12,670 mètres 58 centimètres, en deux parties acquises de la Compagnie des chemins de fer de l'Ouest, aux prix, clauses et conditions stipulés dans un acte de vente reçu par Mᵉ Lavoignat, notaire à Paris, le 16 avril 1862.

Tous ces divers contrats de vente ont été transcrits et la purge a été faite pour deux d'entre eux ; les ventes faites par M. Voizot et par la Compagnie de l'Ouest n'exigent pas cette formalité.

La valeur totale de ces immeubles, y compris la plus-value résultant de l'établissement d'une Exposition universelle et permanente, des constructions qui s'exécutent et des voies nouvelles qui ont été ouvertes, est estimée à la somme de 7 millions.

Les constructions à opérer pour l'édification du Palais et de ses annexes sont estimées suivant les plans et divers arrêtés au maximum de 8 millions.

Soit au total de 15 millions, représentés par la valeur des terrains et des constructions déjà faites et à faire.

ART. 6.

M. Viboux apporte à l'Association :

1° *Toutes les sommes par lui versées et montant comme est dit ci-dessus au chiffre de* 2,600,000 *francs ;*

2° *L'obligation de fournir,* au fur et à mesure des besoins, toutes les sommes complémentaires nécessaires à la libération des terrains et à l'achèvement des Palais, étant entendu que celles employées à la construction ne devront pas dépasser le chiffre de 8 millions dont M. Buon déclare ici répondre à ses risques et périls, en raison des différents contrôles qu'il a fait subir aux plans et devis.

La plus-value résultant de l'estimation ci-dessus appartient à l'Association, *en sorte que l'apport total de M. Viboux s'élève au chiffre maximum de* 12,500,000 *francs.*

ART. 7.

M. Buon apporte à la présente Association les études qui constituent son projet d'Exposition, le concours des industriels et des commerçants qui ont déjà adhéré à cette entreprise, et enfin son industrie personnelle et la consécration de tout son temps, qui y sera exclusivement employé.

ART. 8.

Pour faciliter à M. Viboux la réalisation de sa commandite auprès de ses cointéressés, il lui sera facultatif de la faire représenter, jusqu'à concurrence de 7,500,000 *francs, par une ouverture de crédit d'égale somme qui serait comptée à l'Association au fur et à mesure de ses besoins,* et pour laquelle une inscription hypothécaire avec droits d'antichrèse pourrait être prise tant sur les terrains que sur les constructions.

En raison de quoi *il pourrait être créé jusqu'à concurrence de* 7,500,000 *francs des titres d'obligations émis à* 500 *francs,* remboursables à 625 francs par amortissement annuel et dans un délai minimum de 21 années, pendant la durée duquel lesdits titres produiront un intérêt de 5 pour cent l'an de la valeur d'émission, soit 25 francs par obligation.

ART. 9.

Déduction faite des frais généraux, de l'intérêt et de l'amortissement annuel des obligations avec garantie hypothécaire, s'il en est créé, il sera prélevé 50 pour cent des produits de l'Association pour amortir en capital et intérêts, à raison de 5 pour cent l'an, l'apport complémentaire et non garanti de M. Viboux. Le surplus des produits sera distribué à titre de bénéfices, comme est dit à l'article 35.

ART. 10.

Pour représenter les bénéfices nets et la proportion dans laquelle ils doivent être répartis, il est créé mille parts dites bénéficiaires ou industrielles. En conséquence, ces parts ne représentent aucune partie du capital versé ; elles touchent annuellement les bénéfices qui leur sont attribués conformément aux articles 9 et 35, et deviennent seuls propriétaires de tout l'actif mobilier et immobilier de l'Association au fur et à mesure des amortissements déterminés par les articles précédents.

ART. 11.

Chaque part bénéficiaire est susceptible d'être divisée en dix fractions égales.

Toutes les parts ou fractions de parts seront nominatives. Elles seront réparties de la manière suivante :

200 pourront être affectées à la rémunération des services rendus à l'occasion par tous ceux qui, à des titres divers, lui auront apporté leur concours. Cette répartition sera faite par M. Buon, d'accord avec M. Viboux.

Sur les 800 autres parts, 600 sont attribuées à M. Viboux, sauf à celui-ci, quand il le jugera opportun, de faire connaître le nom des titulaires, afin que la transmission en soit faite à qui de droit.

Les 200 parts restantes seront attribuées à M. Buon.

ART. 12.

Il sera, par M. Buon, délivré à chaque propriétaire de parts bénéficiaires, sous le contrôle de l'un des membres du Comité consultatif (art. 20), un certificat nominatif constatant son inscription sur les registres de l'Association pour le nombre de parts ou de dixièmes de parts auquel il a droit.

Le certificat devra être revêtu de la signature de M. Buon et de celle du membre du Comité délégué à cet effet. Il sera frappé du timbre sec de l'Association.

ART. 13.

Le transfert des parts sera accompli sur la remise du certificat ; mention de ce transfert sera faite sur le registre, signé du cédant et du cessionnaire ou de leurs fondés de pouvoirs.

Un nouveau certificat sera délivré au nouveau titulaire contre la remise de l'ancien, qui restera déposé dans la caisse de l'Association pour confirmer l'opération du transfert.

ART. 14.

L'Association ne reconnaît qu'un propriétaire pour un dixième de part bénéficiaire. Les droits et obligations attachés à chaque part bénéficiaire suivent le titre dans quelque main qu'il passe.

ART. 15.

Les héritiers ou créanciers d'un propriétaire de parts ne peuvent, sous quelque prétexte que ce soit, provoquer l'apposition des scellés sur les biens et valeurs de l'Association, en demander le partage ou la licitation, ni s'immiscer en aucune manière dans son administration; ils doivent, pour l'exercice de leurs droits, s'en rapporter aux inventaires.

ADMINISTRATION DE L'ASSOCIATION. — DIRECTEUR GÉNÉRAL.

ART. 16.

M. Ernest Buon, Directeur général, a tous les pouvoirs nécessaires à ce titre pour gérer et administrer la présente Association.

Le Directeur général administre activement et passivement tous les biens meubles et immeubles de l'Association; il peut faire tous traités avec la ville, opérer toutes cessions de terrains pour l'établissement des voies publiques, frais de l'Association, et avec l'autorisation de la ville; faire tous achats, échanges ou ventes; faire procéder à la construction de tous les établissements nécessaires à l'exploitation de l'Association; faire dresser à cet effet tous les plans, devis, marchés et traités; vendre les terrains inutiles à l'Association; faire les baux et locations desdits terrains, ou des parties des établissements qui ne seraient pas utilisées au profit de l'Association; procéder à la location des mètres destinés aux exposants; en fixer le prix et les clauses, charges et conditions, tant pour la France que pour les autres pays du monde; faire toutes opérations de commission et de consignation de marchandises; faire dans ce but toutes avances de fonds et opérations de banque; établir tous magasins généraux, prêter sur warrants et faire toutes les opérations qui se rattachent à ces différents objets de l'Association.

Faire tous traités un ou plusieurs journaux existants, quotidiens, hebdomadaires ou mensuels, à l'effet de devenir propriétaire exclusif desdits journaux ou seulement d'en partager la propriété; de créer, si cela est préférable, tous journaux quotidiens ou toute autre publication périodique, afin d'assurer à l'Association les meilleurs moyens d'une publicité étendue; nommer les gérants et les rédacteurs desdits journaux et publications; les révoquer ou les remplacer; enfin faire tous les actes qui rentrent dans l'administration de la présente Association.

Le Directeur général devra consacrer tout son temps aux intérêts de l'Association; il ne pourra s'occuper d'affaires étrangères, à la condition que l'Association ne pourra en souffrir d'aucune manière.

Le Directeur général dirige toutes les actions judiciaires de l'Association, et défendra celles intentées contre elle; il peut transiger et compromettre; il reçoit les créances de l'Association, en opère le placement et fixe l'intérêt; il paye les dettes de l'Association; il peut exiger, recevoir et quittancer toutes les sommes dues à l'Association; consentir toute mainlevée d'opposition ou d'inscription hypothécaire, ainsi que tous désistements de priviléges avant comme après payement.

Pour la négociation des emprunts présentement ou ultérieurement autorisés, il stipule toute garantie, consent toute hypothèque et toute antichrèse, fait toutes conditions; il crée tous titres représentant les créances de sommes qui peuvent être empruntées ou dues ; il fixe tous droits de commission à titres divers, en tire intérêts; fait toutes cessions ou transports de créances; détermine le placement des fonds disponibles.

Il signe au nom de l'Association tous les traités d'entreprises pour toutes les constructions à faire; il arrête les devis et marchés.

Le Directeur général choisit et révoque les divers employés ou agents de l'Association; il détermine leurs attributions et leurs services, et fixe leurs traitements et salaires.

Le Directeur général remplira, aussitôt que possible, toutes les formalités nécessaires afin d'obtenir sur les bases du présent acte la conversion de la présente Association en société anonyme ou en société limitée, si le projet de la présente par le gouvernement est accepté et promulgué comme loi de l'Etat.

Peudant toute la durée de l'Association le Directeur général devra être propriétaire d'au moins 50 parts bénéficiaires, pour lesquelles il ne lui sera délivré aucun certificat. Ces parts, servant de garantie de la gestion du Directeur général, ne lui seront rendues qu'après l'apurement des comptes.

Il est alloué au Directeur général un traitement fixe de 15,000 francs par an.

Il aura droit, en outre, au remboursement de toutes les dépenses extraordinaires, et de tous ses frais de voyage et de déplacement faits dans l'intérêt de l'Association. Il aura droit à une indemnité pour les frais de son logement s'il est séparé des bureaux de l'Association.

ART. 17.

M. Ernest Buon est et demeure constitué Directeur général de l'Association universelle et permanente.

ART. 18.

Le décès ou la retraite du Directeur général, pour quelque motif que ce soit, n'entraînera pas l'annulation ou la dissolution de la présente Association.

Le Directeur général ne pourra se retirer qu'un mois après avoir averti à l'avance l'associé commanditaire représentant les capitalistes ou le Comité consultatif de l'Association si celui-ci est en fonctions.

Dans ce dernier cas, il doit en outre déposer sa démission dans une réunion générale des propriétaires de parts bénéficiaires, convoqués à l'effet de le recevoir.

En cas de retraite ou de démission, le Directeur général a le droit de présenter son successeur au Comité consultatif et à la réunion générale des propriétaires de parts bénéficiaires.

En cas de décès du Directeur général, le même droit de présentation est dévolu à ses héritiers.

Lorsqu'il y aura lieu de remplacer le Directeur général, il y sera pourvu par les propriétaires de parts bénéficiaires, le Comité consultatif entendu.

ART. 19.

En aucun cas, les héritiers ou ayant cause du directeur général ne pourront requérir opposition de scellés sur [les biens et valeurs de l'Association, former opposition, réclamer la liquidation, en un mot, entraver la marche de l'Association, sous quelque prétexte que ce soit.

Ils devront, pour l'exercice de leurs droits, s'en rapporter aux livres sociaux et aux délibérations de l'Assemblée.

COMITÉ CONSULTATIF. — SURVEILLANCE.

ART. 20.

Le Comité consultatif se compose de cinq membres y compris M. Viboux.

M. Viboux désignera les titulaires de parts au plus tard de ce jour à l'ouverture du Palais, et pourra, dès que cette désignation sera faite, provoquer une réunion générale des susdits titulaires à l'effet de nommer les membres du Comité consultatif dont, en sa qualité de fondateur commanditaire, il restera président.

Jusqu'à cette nomination M. Viboux, comme seul associé commanditaire en nom, en exercera tous les droits.

Chaque membre du Comité devra être titulaire d'au moins dix parts qui seront inaliénables pendant toute la durée de l'exercice de ses fonctions.

Après la formation du Comité, en cas de décès ou de démission d'un ou plusieurs membres, les autres pourvoiront provisoirement à leur remplacement jusqu'à la prochaine réunion générale qui nommera définitivement ceux qui devront les remplacer.

La mission de ce Comité consistera à donner ses avis au Directeur général et à exercer vis-à-vis de lui tous les droits des créanciers et des associés commanditaires.

Toutes les acquisitions, échanges, ventes, cessions, locations d'immeubles, tout achat ou création de journaux, devront être soumis préalablement au Comité, qui aura le droit de s'y opposer. Le prix de location des mètres de surface de planches ou de surface murale pour l'exposition des produits ou des affiches ou tableaux indicateurs sera approuvé par le Comité.

Dans le cas d'opposition de ce dernier, si le Directeur général persiste à suivre la réalisation de ces contrats et la fixation proposée du prix des mètres à louer aux abonnés exposants, il devra en référer à une réunion spéciale des propriétaires de parts bénéficiaires qui statuera définitivement.

Le Comité devra être également consulté pour tout ce qui a rapport aux établissements de commission, consignation, banque et magasins généraux prévus dans les pouvoirs donnés ci-dessus au Directeur général.

Il vérifie la caisse, examine les livres, la correspondance, le portefeuille de tous les documents relatifs aux affaires de l'Association . . . .

Il contrôle spécialement les inventaires et les comptes annuels qui doivent lui être communiqués quinze jours au moins avant l'époque fixée pour chaque réunion générale annuelle des propriétaires de parts et présente à cette réunion un rapport sur les comptes et sur l'administration du Directeur général.

Le Comité se réunit dans les bureaux de l'Association; il décide à la majorité des membres présents ; il peut délibérer lors même qu'il se trouverait réduit au nombre de trois membres et qu'il y aurait deux absents empêchés, démissionnaires ou décédés.

Les fonctions de membre de Comité consultatif seront gratuites. Toutefois ils auront droit à 2 pour cent des bénéfices nets réalisés par l'Association, lesquels seront partagés également entre les cinq membres formant le Comité consultatif. (Art. 35.)

Le Comité consultatif a le droit de convoquer l'Assemblée générale extraordinairement, mais seulement de l'avis de la majorité de ses membres et après avoir prévenu quinze jours à l'avance le Directeur général de l'objet de la convocation.

Les membres du Comité nomment un secrétaire, qui peut être pris en dehors du Comité, mais parmi les titulaires de parts et dans ce cas ce secrétaire aura seulement voix consultative.

Les délibérations sont transcrites sur un registre spécial et signées par le président et le secrétaire.

Le Comité s'assemble dans les Bureaux de l'Association ; il se réunit au moins une fois par mois, et en outre, toutes les fois qu'il le jugera convenable, sur la convocation de son président.

Le Directeur général peut également convoquer le Comité consultatif.

RÉUNION GÉNÉRALE.

ART. 21.

La réunion générale régulièrement constituée représente l'universalité des propriétaires de parts bénéficiaires.

ART. 22.

La réunion générale se compose de tous les titulaires d'une part bénéficiaire ou de dix fractions de parts.

Nul ne peut se faire représenter à l'Assemblée générale que par un mandataire membre de l'Assemblée.

ART. 23.

La réunion aura lieu pour la première fois à la fin de l'année où aura été faite l'ouverture du Palais de l'Exposition. Ensuite elle aura lieu de droit chaque année dans les bureaux du Palais de l'Exposition dans le courant du mois de février.

ART. 24.

Les convocations seront faites par lettres chargées quinze jours à l'avance.

ART. 25.

La réunion est régulièrement constituée, quel que soit le nombre des membres présents et des parts représentées.

ART. 26.

L'Assemblée est présidée par le Président du Comité consultatif, ou à son défaut, par le membre du Comité désigné par le Président.

Les deux plus forts propriétaires des parts qui seront présents, et, sur leur refus, ceux qui les suivent dans l'ordre de la liste des inscriptions, jusqu'à acceptation, sont appelés à remplir les fonctions de scrutateurs.

Le Secrétaire du Comité consultatif remplit les mêmes fonctions vis-à-vis de la réunion générale.

ART. 27.

Les délibérations seront prises à la majorité des membres présents; en cas de partage la voix du Président est prépondérante.

Chacun d'eux a autant de voix qu'il possède de fois une part entière ou dix fractions de parts, sans que personne puisse avoir plus de dix voix pour lui-même ou comme mandataire.

ART. 28.

L'ordre du jour est arrêté par le Directeur général ou par le Comité consultatif, dans le cas où la convocation de l'Assemblée générale est faite par ce dernier; dans l'un et l'autre cas, aucun autre objet que ceux à l'ordre du jour ne peut être mis en délibération.

Cependant si le Directeur général et le Comité consultatif sont d'accord pour faire une proposition à l'Assemblée en dehors de l'ordre du jour, la délibération devra avoir lieu.

ART. 29.

L'Assemblée générale entend le rapport du Gérant et celui du Conseil consultatif sur la situation des affaires de l'Association.

3

Elle discute, approuve ou rejette les comptes.

Elle fixe le bénéfice à distribuer aux parts bénéficiaires.

Elle nomme les membres du Comité consultatif toutes les fois qu'il y a lieu.

Elle délibère sur toutes les propositions du Comité consultatif ou du Directeur général; elle discute les demandes d'augmantation du capital ou celles d'emprunts hypothécaires ou chirographaires autres que les emprunts approuvés spécialement dans les présents Statuts.

Elle prononce souverainement sur tous les intérêts de l'Association et confère au Directeur général les pouvoirs nécessaires pour les cas qui n'auraient pas été prévus.

ART. 30.

Les délibérations de l'Assemblée prises conformément aux Statuts obligent tous les propriétaires de parts, même absents ou dissidents.

ART. 31.

Le Directeur général n'a pas voix délibérative pour l'approbation des comptes ou toutes autres questions qui lui seraient personnelles.

ART. 32.

Les délibérations sont constatées par des procès-verbaux inscrits sur un registre spécial signés par la majorité des membres composant le bureau.

ART. 33.

La justification à faire, vis-à-vis des tiers, des délibérations de l'Assemblée résulte des copies ou extraits certifiés conformes par le Président du Comité consultatif et par le Secrétaire.

INVENTAIRES. — COMPTES ANNUELS. — INTÉRÊTS. — DIVIDENDES. — AMORTISSEMENTS.

ART. 34.

L'année sociale commence le 1er janvier et finit le 31 décembre. Toutefois, le premier exercice comprendra le temps écoulé le 2 décembre 1861 et le 31 décembre 1863, et en outre tout le temps pendant lequel a duré l'organisation qui a préparé l'affaire.

La première réunion générale sera convoquée pour le mois de février 1864. A la fin de chaque année, le Directeur dresse, dans la forme commerciale, l'inventaire général de l'actif et du passif et arrête les comptes de l'Association.

Ces comptes sont soumis à l'Assemblée, qui les approuve ou les rejette, et fixe, s'il y a lieu, la répartition des bénéfices, après avoir entendu le rapport du Comité consultatif.

Si les comptes ne sont pas approuvés séance tenante, l'Assemblée peut nommer des commissaires chargés de les examiner et de faire un rapport à la prochaine réunion.

ART. 35.

Tous les produits de l'Association seront employés dans l'ordre suivant : d'abord ils serviront à acquitter les dépenses d'entretien, les frais d'administration et autres frais constituant les frais généraux, puis les intérêts des emprunts qui auront été contractés, avec l'amortissement nécessaire pour éteindre les dettes et le capital de l'Association.

Après ces prélèvements faits, conformément à l'article 9, les bénéfices restant nets seront répartis comme suit :

> 90 pour cent aux parts bénéficiaires.
> 2 pour cent au Comité consultatif.
> 8 pour cent au Directeur général.

MODIFICATIONS DES STATUTS.

ART. 36.

L'Assemblée générale peut, sur la proposition du Directeur général ou du Comité consultatif, apporter aux statuts toutes les modifications, additions ou changements qui seraient reconnus utiles.

Elle peut notamment autoriser :

1° L'augmentation du capital ;

2° La prolongation de l'Association.

Dans ces divers cas, les convocations doivent contenir l'indication sommaire de l'objet de la réunion.

DISSOLUTION ET LIQUIDATION

ART. 37.

A l'expiration de l'Association, la liquidation sera faite par le Directeur général qui aura, à cet effet, les pouvoirs les plus étendus, notamment pour vendre soit à l'amiable, soit aux enchères, tous les immeubles de l'Association ou en espérer l'échange.

Toutefois, pour le cas de vente ou d'échange par voie amiable, le Président du Comité consultatif sera adjoint au Directeur général, et son approbation sera nécessaire pour que le Directeur général puisse opérer ses ventes ou échanges.

A défaut d'acceptation de la liquidation par le Directeur général, la Réunion générale nomme deux liquidateurs, et pendant tout le cours de cette liquidation, les pouvoirs de cette Assemblée continueront comme pendant l'existence de cette Association.

ART. 38.

La présente Association, étant une Association en participation, ne sera pas soumise aux publications légales exigées pour les autres Sociétés.

Fait double à Colmar, le 17 août, et à Paris, le 18 août 1862.

Approuvé l'écriture ci-dessus.   Lu et approuvé.

Signé : VIBOUX.   *Signé :* E. BUON.

Enregistré à Paris, le 18 août 1862, folio 124, v°, c. 1. Reçu 6 fr., 2 décimes compris.

Paraphe : R.

Timbre :

Pour copie conforme à l'original saisi le 5 septembre 1863, au siége de la Société de l'Exposition universelle et permanente, boulevard des Capucines, 35, dans les bureaux du sieur Pierre-Ernest Buon, et déposé au cabinet de M. le Juge d'instruction de l'arrondissement de Colmar.

Le Commis-Greffier,

Signé : BOHM.

Timbre :

CHAPITRE PREMIER

SOCIÉTÉ CIVILE DE CRÉDIT

DE L'EXPOSITION

UNIVERSELLE ET PERMANENTE

CONSTITUÉE

SUIVANT ACTE PASSÉ DEVANT Mᵉ VERNIER, NOTAIRE A COLMAR

Les 15 et 16 septembre 1862

Dont une expédition a été déposée pour minute à Mᵉ LAVOIGNAT,

notaire à Paris, rue Caumartin, 29

EXTRAIT DE L'ACTE DE SOCIÉTÉ

PAR-DEVANT Mᵉ Marie-Philibert VERNER ET SON COLLÈGUE, notaires à Colmar (Haut-Rhin), soussignés,

Ont comparu :

1° M. ERNEST BUON, propriétaire, demeurant à Paris, boulevard des Capucines, n° 35 ;

En sa qualité de Directeur général et gérant responsable de la Société en participation existant entre lui et M. VIBOUX, ci-après nommé, pour la création et l'exploitation d'un palais destiné à une **Exposition universelle internationale et permanente** de tous les produits des arts, des sciences, de l'agriculture, de l'industrie et du commerce, ainsi que M. BUON le déclare, de l'assentiment de M. VIBOUX, d'une part ;

2° M. Charles VIBOUX, banquier à Colmar et à Mulhouse, demeurant à Colmar, de seconde part ;

3° *M. Jean KIENER fils*, manufacturier, demeurant à Gunsbach, près Munster, de troisième part ;

4° Et M. Charles Hirsch, banquier, demeurant à Strasbourg, de quatrième part :

Ces trois derniers comparaissant à cause de la Société de Crédit qui sera comprise dans les présentes ;

Lesquels ont arrêté les dispositions suivantes :

TITRE PREMIER.

Nature de la Société. — Objet. — Siége. — Durée.

ARTICLE PREMIER.

Il est formé une Société civile et particulière entre :

D'une part :

Mondit sieur Charles Viboux, qui en sera le Directeur gérant ;

Et d'autre part :

Mesdits sieurs *Jean KIENER fils* et Charles Hirsch,

Et tous les propriétaires et souscripteurs FUTURS des obligations au porteur qui seron émises par M. Buon, au nom de la Société en participation du **Palais de l'Exposition universelle, internationale et permanente**, en représentation des avances qui seront faites par le crédit qui doit être accordé audit M. Buon pour la Société du **Palais de l'Exposition universelle** et en sa qualité de gérant de cette même Société.

ART. 2.

Cette Société a pour but et objet :

1° Le placement et la réalisation des obligations au porteur de la Société en participation du **Palais de l'Exposition universelle, internationale et permanente**, et auxquelles sont attachés les droits et hypothèques qui résulteront des stipulations du présent acte ;

2° *Le crédit d'une somme de 7,500,000 francs à ouvrir à ladite Société* en participation du **Palais de l'Exposition**, et les avances à faire sur ce crédit audit M. Buon, en sa qualité de gérant responsable de cette même Société, *au fur et à mesure des constructions faites, et à l'extinction et acquittement des sommes dues pour solde des prix des terrains acquis, et avec le produit desdites obligations réalisées ;*

3° Le recouvrement du montant en principal, prime, intérêts et accessoires desdites obligations, et la mise à exécution de toutes mesures qui pourraient nécessiter ce recouvrement ;

4° Et la réunion et concentration de tous les droits et rapports des porteurs d'obligations avec M. Buon en sadite qualité.

ART. 3.

La Société a son siége à Paris, boulevard des Capucines, 35.

ART. 4.

La dénomination est : **Société de Crédit de l'association de l'Exposition universelle, internationale et permanente.**

ART. 5.

Cette Société commence immédiatement, et sa durée sera la même que celle des opérations pour lesquelles elle est constituée.

TITRE II.

Fonds social. — Sa division. — Amortissement.

ART. 6.

Le fonds social se composera de *quinze mille obligations au porteur*, de 500 francs chacune, numérotées de un à quinze mille (1 à 15,000), productibles d'intérêts au taux de 5 pour cent par an, payables de six mois en six mois, exempte de tous impôts et retenues quelconques, avec une prime de 125 francs par chaque obligation, non productible d'intérêts, et avec les droits et hypothèques y afférents par les stipulations du présent acte, que M. Buon, au nom et comme gérant responsable de la Société en participation du **Palais de l'Exposition universelle, internationale et permanente**, va créer et dont il fera la remise à la présente Société, chargée de les placer et d'en opérer la réalisation aux frais, commission et autres accessoires de M. Buon, et en représentation d'un crédit de 7,500,000 francs qu'elle lui ouvrira en vue de cette réalisation.

Ces obligations seront remboursables au moyen d'un tirage au sort qui aura lieu le 15 janvier de chaque année, et pour la première fois au 15 janvier 1864, en vingt et une annuités qui commenceront à partir du 1er mars 1863.

Chaque associé sera réputé avoir fait apport, pour former le fonds social, d'autant de fois 500 fr. qu'il possédera d'obligations.

ART. 7.

Chaque part d'intérêt donne droit :

A une copropriété proportionnelle du fonds social;

A l'intérêt de 5 pour cent ;

Et au remboursement de son capital, de 500 francs, avec une prime de 125 francs, par voie de tirage au sort.

ART. 8.

Le fonds social s'amortira successivement au fur et à mesure du remboursement des obligations.

En conséquence, la Société se trouvera dissoute partiellement à l'égard de chaque sociétaire remboursé, qui sera considéré comme n'en ayant jamais fait partie.

La dissolution définitive s'accomplira par le remboursement du dernier associé.

ART. 9.

Il ne sera point délivré de titres particuliers des parts d'intérêts de la présente Société ; les obligations remises à chaque souscripteur lui serviront de titres à cet effet.

ART. 10.

MM. Charles VIBOUX, *Jean Kiener fils* et Charles HIRSCH s'engagent dès à présent à prendre des parts d'intérêts dans la présente Société ;

M. VIBOUX, en son nom personnel, quatre cents obligations ou parts d'intérêts, soit pour 200,000 francs ;

M. KIENER fils, également quatre cents obligations ou parts d'intérêts, soit aussi pour 200,000 francs ;

Et M. HIRSCH, aussi pour son compte quatre cents obligations ou parts d'intérêts, représentant également un capital de 200,000 francs.

ART. 11.

Les obligations au porteur peuvent être déposées dans la *Caisse de la Société* contre un récépissé nominatif.

TITRE III.

ADMINISTRATION.

ART. 12.

M. Viboux est constitué Directeur et représentant unique de la Société.

En cas de décès ou de retraite de M. Viboux, la Société continuera à être administrée par une seule personne, sur le choix de laquelle auront à s'entendre les intéressés réunis en assemblée générale par les surveillants ou, à leur défaut, par quatre associés ou M. Buon, ès noms.

Il en sera de même en cas de décès ou de retraite du nouveau Directeur, et ainsi de suite indéfiniment.

Le directeur de la Société est investi des pouvoirs les plus étendus pour l'administration des affaires sociales.

Ses fonctions consistent notamment :

A représenter la Société vis-à-vis des tiers ;

A prendre et renouveler toutes inscriptions ;

A toucher et recevoir toutes sommes ;

A donner toutes quittances et décharges, consentir tous désistements, faire mainlevée de toutes inscriptions, saisies, oppositions et autres empêchements, avant ou après payement ;

A prendre toutes mesures conservatoires et régler tous comptes ;

A défaut de payement par les débiteurs des intérêts, du principal ou de la prime exigibles, à former toutes saisies mobilières et immobilières, traiter, transiger, compromettre, obtenir tous jugements et arrêts, se pourvoir soit en appel, soit en cassation, constituer tous avoués et avocats, produire à tous ordres et distributions, affirmer la sincérité des créances, se faire délivrer tous bordereaux de collocation, en toucher le montant ;

A faire dresser tous procès-verbaux de tirage au sort et autres ;

A convoquer les associés dans tous les cas où leur réunion lui paraîtra utile et nécessaire.

Toutes modifications et significations seront valablement faites à la Société par un seul exploit au Directeur ou au siége de la Société, et toutes demandes peuvent être formées à ce siége qui sera attributif de juridiction, même pour les demandes en mainlevée.

ART. 13.

Le Directeur peut déléguer ses pouvoirs par des mandats spéciaux ou déterminés.

ART. 14.

Le Directeur n'encourt aucune responsabilité personnelle à raison de ses fonctions.

Il ne répond que de l'exécution de son mandat.

ART. 15.

Le Directeur ne reçoit pas de traitement de la Société de Crédit.

Il doit posséder pendant toute la durée de ses fonctions au moins cent obligations ou parts d'intérêts affectées à la garantie de sa gestion, et qui seront déposées dans la caisse d'une maison de banque ou d'un officier ministériel désigné par les surveillants.

Le Directeur en perçoit, bien entendu, les intérêts.

TITRE IV.

DES SURVEILLANTS.

ART. 16.

M. Jean Kiener fils et M. Charles Hirsch sont institués surveillants de l'administration du directeur, et ils sont chargés d'en rendre compte, s'il y a lieu, à l'Assemblée générale des associés.

Les surveillants n'encourent aucune responsabilité relativement au placement et à la valeur desdites obligations, et leur concours à la formation de cette association de crédit ne peut, par une assimilation quelconque, engendrer contre eux aucune garantie ni recours.

ART. 17.

En cas de décès ou de démission des surveillants ou de l'un d'eux, il sera procédé à leur remplacement dans la même forme que pour le Directeur.

Toutefois, jusqu'au 1er janvier 1864, le Directeur et le surveillant en exercice auront seuls le droit de désigner le remplaçant du surveillant décédé ou démissionnaire.

ART. 18.

Les surveillants doivent être propriétaires, pendant toute la durée de leurs fonctions, chacun d'au moins vingt-cinq obligations ou parts d'intérêts.

ART. 19.

Les surveillants devront assister à l'acte de réalisation de crédit, aux tirages au sort et aux actesde mainlevée.

TITRE V.

ASSEMBLÉES GÉNÉRALES.

ART. 20.

L'Assemblée générale, régulièrement convoquée et constituée, représente l'universalité des associés.

Elle se compose de tous les associés propriétaires d'au moins dix obligations.

Ses décisions sont valables et obligatoires pour tous, même pour les absents, dissidents ou incapables, quel que soit le nombre des associés qui ont pris part au vote.

ART. 21.

L'Assemblée générale est convoquée par le Directeur toutes les fois qu'il le juge utile ou nécessaire aux intérêts de la Société, ou qu'il en est requis par un ou plusieurs associés réunissant au moins mille obligations.

ART. 22.

Cependant les délibérations qui auront pour objet de statuer sur les questions relatives :

A la dissolution de la Société et aux conséquences de cette dissolution ;

Aux modifications quelconques à apporter aux statuts ;

A la révocation du Directeur;

Ne peuvent être prises qu'à la condition que l'Assemblée générale représentera un tiers au moins des obligations non amorties.

ART. 23.

Nul ne peut représenter un associé à l'Assemblée générale, s'il n'est lui-même membre de cette Assemblée.

La forme des pouvoirs à donner aux mandataires est déterminée par le Directeur.

Pour avoir droit d'assister à l'Assemblée générale, les associés devront déposer leurs titres, trois jours au moins avant la réunion, dans un lieu fixé par le Directeur, et qui devra être indiqué par l'avis de convocation des assemblées générales; il est remis à chacun d'eux une carte d'admission nominative.

L'Assemblée générale est présidée par le Directeur.

Le président de l'Assemblée est assisté de deux scrutateurs désignés par lui parmi les associés porteurs du plus grand nombre d'obligations.

Le secrétaire est désigné par le bureau.

ART. 24.

Les délibérations de l'Assemblée générale sont prises à la majorité absolue des voix des membres présents.

A défaut de majorité absolue au premier tour, la majorité relative suffit au second tour.

Chaque associé a autant de voix qu'il possède de fois dix obligations, tant par lui-même qu'au nom de ceux qu'il représente.

En aucun cas, un membre de l'Assemblée ne peut avoir droit à plus de cinq voix, tant par lui-même que pour ses mandants.

L'ordre du jour de l'Assemblée générale est arrêté par le Directeur.

Il n'y est porté que les propositions émanant du Directeur, et celles qui lui auraient été communiquées six jours au moins à l'avance, avec la signature d'un ou plusieurs associés réunissant au moins cinq cents obligations.

Aucun autre objet que ceux mis à l'ordre du jour ne peut être mis en délibération.

ART. 25.

Les convocations à l'Assemblée générale sont faites par un avis inséré vingt jours au moins à l'avance dans les journaux d'annonces légales de Paris. Les insertions indiqueront le lieu et l'heure de la réunion.

ART. 26.

Les délibérations de l'Assemblée sont constatées par des procès-verbaux signés par les membres du bureau sur un registre spécial.

Les extraits ou expéditions de ces procès-verbaux à produire en justice ou ailleurs sont signés par le Directeur.

ART. 27.

L'Assemblée générale pourvoit au remplacement du Directeur, quand il y a lieu, et statue sur toutes les questions qui lui sont soumises par le Directeur.

TITRE VI.

CONTESTATIONS. — DOMICILE.

ART. 28.

Les contestations qui pourraient s'élever seront jugées par le tribunal civil de la Seine.

ART. 29.

Tous les membres de la Société ont de droit leur domicile spécial et attributif de juridiction au siége de la Société à Paris, à moins qu'ils n'aient élu un autre domicile à Paris et ne l'aient justifié au Directeur.

ART. 30.

Attendu la nature de la Société, les présentes ne seront soumises à aucune formalité de publication.

CHAPITRE DEUXIÈME

ACTE D'OUVERTURE DE CRÉDIT

I.

MONTANT DU CRÉDIT.

La présente Société de Crédit étant constituée, comme il est dit plus haut, cette Société agissant par l'intermédiaire de son représentant, M. Charles Viboux, qui en est le Directeur gérant, ouvre, par ces présentes, à M. Buon et à la Société du **Palais de l'Exposition universelle, internationale et permanente,**

Ce accepté par M. Buon, ès dites qualités qu'il agit,

Un crédit de 7,500,000 fr., réalisable à la volonté des crédités, en tout ou en partie par fractions rondes de 500 fr. d'ici au 1ᵉʳ janvier 1864, époque à laquelle ledit crédit cessera, quand bien même il n'aurait pas été épuisé à cette époque.

En conséquence, le Directeur de la Société de Crédit fera des avances aux crédités jusqu'à concurrence de ladite somme de 7,500,000 fr., au fur et à mesure des demandes de M. Buon, et seulement aussi jusqu'à concurrence du capital qui aura pu être réalisé par la présente Société, au moyen de l'émission des obligations en vue de laquelle elle s'est constituée.

II.

EMPLOI DU CRÉDIT.

Le montant du présent crédit est destiné, jusqu'à due concurrence, à solder la somme de 2,665,574 fr. 84 c., restant due sur le prix d'acquisition des immeubles de la Société du Palais de l'Exposition universelle, internationale et permanente, et à faire face aux frais de construction de ce même Palais et de ses dépendances, au choix de M. Buon.

Dans le cas où les avances seraient demandées pour faire face aux travaux de construction, elles n'auront lieu que sur la production et la remise d'un état, dressé par l'entrepreneur et certifié par

*l'architecte, des travaux exécutés depuis la dernière avance ; l'avance demandée ne pourra être supé-
rieure à la valeur des travaux exécutés.*

*Et dans le cas où les avances auraient pour objet de payer partie de la somme restant due sur le
prix d'acquisition des terrains de la Société, le payement sera fait directement par le Directeur de la
Société de Crédit, avec déclaration d'origine de deniers, mais sans subrogation.*

La remise des états certifiés et acquittés, écrits sur timbre, et l'indication d'origine
portée dans les quittances authentiques, feront toujours preuve suffisante de la réalisation
du crédit jusqu'à due concurrence.

Cette preuve pourra aussi être établie par les reçus dont le Directeur de la Société de
Crédit serait possesseur, et par tous autres modes légaux.

La somme de 7,500,000 fr., montant en principal du présent crédit, étant destinée à
venir en premier rang hypothécaire sur les immeubles du Palais de l'Exposition universelle, internationale et permanente, il demeure convenu que le Directeur de la Société de Crédit
pourra toujours conserver entre ses mains une somme suffisante pour faire face aux payements
des créances qui primeraient celles résultant du présent acte ; en conséquence, le crédit ne
pourra être réalisé intégralement qu'après l'extinction desdites créances, ou simultanément
au payement qui serait fait de ces créances par le Directeur de la Société de Crédit, ainsi
qu'il est dit plus haut.

III.

INTÉRÊTS. — PRIMES. — CONDITIONS.

M. Buon, ès noms qu'il agit, s'oblige à rendre cette somme de 7,500,000 fr. (ou celle
moindre pour laquelle le présent crédit aurait été réalisé), avec la prime ci-après fixée,
aux époques et de la manière déterminée plus loin, et à en payer les intérêts au taux de
5 pour cent, à compter du jour de leur débours jusqu'à celui de leur exigibilité.

La prime sera payable en même temps que chaque fraction du capital dont elle suivra
le sort ; mais elle ne produira pas d'intérêts.

Au moyen de quoi M. Buon et la Société pour laquelle il agit seront débiteurs, au fur et
à mesure des avances qui leur seront faites :

1° Du capital fourni ;

2° De la prime ;

3° Et de l'intérêt à 5 pour cent du capital fourni.

Les intérêts seront payables *au siège de l'administration du Palais de l'Exposition universelle,
internationale et permanente, à Paris,* et chez les banquiers de la Société, de six mois en six
mois, les 1er mars et 1er septembre de chaque année, contre la remise des coupons joints
aux obligations, et dont il sera ci-après parlé.

L'intérêt de 5 pour cent sera payé net de tous impôts, charges et retenues quelconques établis ou à établir ultérieurement, lesquels seront acquittés par les débiteurs.

Les payements d'intérêts seront effectués en bonnes espèces de monnaie d'or ou d'argent ayant cours légal en France et non autrement, de convention expresse.

IV.

RÉALISATION DU CRÉDIT.

Le 1ᵉʳ janvier 1864, limite ci-dessus fixée pour la réalisation du présent crédit, M. Buon et le Directeur de la Société de Crédit devront arrêter, par acte authentique, ensuite du présent, le compte des avances faites par le Directeur de la Société de Crédit, et M. Buon en reconnaître le montant.

Cet acte contiendra les numéros des obligations remises en représentation du crédit, ainsi qu'on va l'expliquer.

Si M. Buon ou ses représentants refusaient de faire cette reconnaissance, le Directeur de la Société de Crédit, après une sommation à cet effet restée sans résultat, déposera pour minute, par acte ensuite du présent, les états de construction et les reçus de M. Buon, ainsi que les expéditions des actes constatant les payements faits aux créanciers inscrits, ou toutes autres pièces desquelles résulterait la preuve de la réalisation du crédit.

A défaut par le Directeur de la Société de Crédit de faire les démarches nécessaires pour arriver à constater la réalisation du crédit, les surveillants seront tenus de poursuivre l'exécution des dispositions ci-dessus; à leur défaut, chacun des porteurs d'obligations pourra exercer ce droit.

Il sera délivré une grosse du présent acte au Directeur de la Société de Crédit, laquelle grosse, avec la réalisation volontaire de crédit, où l'expédition des actes de dépôt prévu par l'alinéa qui précède immédiatement, servira de titre exécutoire.

Dans le cas où le crédit n'aurait été réalisé que partiellement, le Directeur de la Société de Crédit, assisté de deux surveillants, devra donner mainlevée de l'inscription à prendre en vertu des présentes, en ce qu'elle excéderait le montant du crédit non réalisé, ensemble les primes, intérêts et accessoires.

V.

ÉMISSION D'OBLIGATIONS.

Le Directeur de la Société de Crédit réalisant les sommes à délivrer en exécution du présent crédit, au moyen des obligations prises par tous ceux qui font partie de la présente Société, il est convenu que la somme de 7,500,000 fr., à laquelle s'élève ledit crédit, sera représentée par 15,000 obligations au porteur, de 500 fr. chacune, numérotées de un à quinze mille (1 à 15,000) donnant droit à l'intérêt sur le pied de cinq pour cent par an, et remboursables par tirage au sort en vingt et une annuités commençant à courir du 1ᵉʳ mars 1863, avec prime de 125 fr. par chaque obligation, aux époques et de la manière ci-après déterminées.

Contre chaque avance de fonds, et simultanément, M. Buon remettra au Directeur de la Société de Crédit pour une somme égale d'obligations, en suivant leur ordre numérique.

Ces obligations seront extraites d'un registre à souche, et seront signées par M. Buon, emprunteur, et par le Directeur de la Société de Crédit qui prête et met en circulation les obligations.

A chaque obligation seront attachés les coupons d'intérêts y afférents.

Il n'y aura pas de coupons d'intérêts de moins de six mois ; en conséquence, au fur et à mesure de la remise des obligations, il y aura compte à faire pour les intérêts du semestre courant, entre M. Buon et le Directeur de la Société de Crédit.

Tous frais de bureau, d'imprimés, de publicité, de commission et de courtage que nécessiterait la négociation des obligations et des opérations s'y rattachant, tels que versements de fonds, délivrance de titres, encaissements, revirements et autres actes d'administration, et les impôts qui seront à la charge desdites obligations, seront acquittés par la *Société du palais de l'Exposition universelle, internationale et permanente,* qui aura, de plus, à payer au Directeur et aux deux surveillants de la Société de Crédit, pour frais de voyage et jetons de présence, une somme annuelle de 12,000 fr.

Les obligations seront transmissibles par la simple tradition du titre.

Chaque obligation sera indivisible à l'égard de M. Buon et de la *Société du palais de l'Exposition universelle, internationale et permanente,* et de la Société civile de Crédit, qui ne reconnaîtront qu'un seul propriétaire pour chaque titre.

Si, pour quelque cause que ce soit, une obligation devient la propriété de plusieurs personnes, elles seront tenues de se faire représenter par une seule d'entre elles tant que durera l'indivision.

Les obligations seront la coupure et la représentation de la créance de la Société civile de Crédit, et se confondront avec cette créance, avec laquelle elles ne formeront qu'un seul tout ; en conséquence, chacune d'elles participera aux droits et garanties hypothécaires et autres inhérents à cette créance ; mais, de convention formelle, ces droits (sauf ceux de toucher les intérêts, le montant des obligations et de la prime y attachée) seront et demeureront concentrés dans les mains du Directeur de la Société civile.

VI.

AMORTISSEMENT.

Le remboursement du présent crédit aura lieu au moyen de l'amortissement des obligations émises en représentation.

Cet amortissement aura lieu en 21 années, commençant à courir du 1ᵉʳ mars 1863, au moyen d'annuités affectées au payement des intérêts d'une certaine partie du capital et de la prime y afférente.

Les remboursements qui seront ainsi opérés sur le capital pour chaque année sont indiqués en un tableau que les parties en ont dressé sur un timbre de 1 fr.

L'amortissement du capital commencera, et le premier payement devra se faire le 1ᵉʳ mars 1864, et ainsi de suite, d'année en année.

A chacune des époques de remboursement, aura lieu le payement de la prime afférente à chaque portion du capital.

Il demeure convenu :

Que le payement du principal des obligations et des primes y afférentes ne pourra être valablement effectué qu'en bonnes espèces de monnaie d'or ou d'argent, aux cours, titres et poids de ce jour, et non en papier-monnaie, billets ou autres valeurs fictives, représentatives de numéraire dont le cours même forcé serait introduit dans les payements en vertu de toutes lois, ordonnances et décrets, au bénéfice desquels M. Buon, ès noms, renonce dès à présent et d'honneur ;

Que M. Buon, et la Société pour laquelle il agit, auront la faculté d'anticiper leur libération, mais à condition que le remboursement anticipé aura lieu à l'une des échéances précédemment fixées, et d'après le mode ci-après indiqué, et qu'il comprendra l'intégralité d'une ou plusieurs annuités, sauf ce qui est dit sous le paragraphe X, et qu'il y aura indivisibilité pour le remboursement des capitaux fournis, le payement des intérêts et des primes entre les héritiers et représentants de M. Buon, qui y seront tous solidairement tenus.

VII.

TIRAGE AU SORT.

Le remboursement du principal et le payement de la prime seront opérés par voie de tirage au sort, et sur la remise du titre, sans qu'il soit besoin de la quittance du porteur.

Tous les payements en principal et primes, et le tirage au sort des obligations, auront lieu au domicile d'une maison de banque de Paris, désignée à cet effet par M. Buon, et à laquelle on aura préalablement consigné le montant des sommes à acquitter.

Laquelle somme totale est payable :

Le 25 janvier 1864.	900,000 »
Le 14 février suivant.	31,085 60
Le 15 du même mois.	107,699 90
Le 3 mars suivant.	38,774 80
Le 15 juillet de la même année.	107,699 70
Et le 25 dudit mois de juillet.	1,480,314 64
Total égal.	2,665,574 64

Ainsi qu'on l'a déjà dit sous le § 2, la susdite somme sera payée avec les fonds du présent crédit.

TRANSPORT DES INDEMNITÉS D'ASSURANCE.

M. Buon, ès noms, s'oblige à faire assurer contre l'incendie, immédiatement après la couverture du Palais de l'Exposition, par une ou plusieurs Compagnies ayant leur siége à Paris, et pour un capital minimum de 7,500,000 francs, les constructions du *Palais de l'Exposition universelle, internationale et permanente* et ses dépendances, ainsi que le matériel et toutes marchandises dont ladite Société pourrait être responsable en cas d'incendie ; à continuer ces assurances tant que dureront les causes du crédit, et à justifier du payement des primes ou cotisations à toute réquisition du directeur de la Société de Crédit.

Et dès à présent, pour garantir d'autant plus le remboursement des causes du présent crédit en principal, primes, intérêts et accessoires quelconques, M. Buon, ès noms, cède et transporte au directeur de la Société de Crédit toutes les indemnités auxquelles la Société créditée aurait droit pour la Société de Crédit et les porteurs d'obligations, les toucher et recevoir des Compagnies assurantes sur leurs simples quittances jusqu'à concurrence des sommes fournies sur le crédit en principal, primes, intérêts et accessoires.

A l'effet de quoi M. Buon, ès noms, subroge le directeur de la Société de Crédit dans tous droits et actions à cet égard.

Pour faire signifier ce transport partout où besoin sera, tout pouvoir est donné au porteur de la présente expédition.

X.

DÉSISTEMENTS PARTIELS.

Il demeure convenu expressément :

Qu'en cas de vente de parcelles de terrains inutiles à l'établissement et à l'exploitation du *Palais de l'Exposition universelle, internationale et permanente,* ou d'expropriation pour cause d'utilité publique soit par la ville de Paris, soit par la Compagnie des chemins de fer de l'Ouest, du chemin de fer de ceinture ou par toutes autres Compagnies, ou de cessions amiables auxdites ville et Compagnies, des portions de terrains nécessaires à l'établissement et à l'élargissement soit des rues et places publiques, soit au prolongement du chemin de fer d'Auteuil et des boulevards en bordure de ce chemin;

Les prix de ventes et des indemnités fixées par le jury ou amiablement acceptées par M. Buon, ès noms, seront employés à l'amortissement d'un nombre d'obligations correspondant en valeur nominale au chiffre de ces prix et indemnités en principal et intérêts. Ces obligations seront déterminées par le plus prochain tirage au sort; elles remplaceront jusqu'à due concurrence les annuités en capital et primes qui seront à payer par ce même tirage.

Le prix des fractions de terrains vendus à des particuliers ne pourra être inférieur à 40 francs par mètre.

Le directeur de la Société civile des porteurs d'obligations, en présence des surveillants, et même avant le tirage au sort des obligations à rembourser, sera autorisé à donner mainlevée, avec désistement de tous droits d'hypothèque, des inscriptions qui auraient été prises en vertu du présent crédit, en ce qu'elles grèveraient les portions de terrains vendues, expropriées ou abandonnées volontairement, et le conservateur des hypothèques sera tenu de rayer ces inscriptions sur la production de cette mainlevée, sans pouvoir exiger la justification du payement des obligations.

Dans le cas où la mainlevée serait donnée avant le tirage au sort, le Directeur de la Société civile de Crédit, d'accord avec les surveillants ou eux dûment consultés, devra convenir avec M. Buon du dépôt de la somme à rembourser entre les mains d'un tiers à leur convenance.

Si l'abandon ou l'expropriation pour utilité publique avait lieu sans indemnité, la mainlevée serait donnée sans qu'il y ait lieu d'ajouter aucune somme à l'amortissement ordinaire.

Dans le cas où le montant des aliénations faites pendant une année serait supérieur à l'annuité en principal et primes qui seraient à payer et à amortir, le surplus des prix d'aliénations serait déposé dans une caisse publique ou d'une maison de banque, et reporté en déduction de l'amortissement de l'année suivante.

ÉLECTION DE DOMICILE.

Pour l'exécution des présentes, les parties font élection de domicile à Paris, au siège de la Société civile de Crédit, boulevard des Capucines, n° 35. Ce domicile sera attributif de juridiction pour tous les souscripteurs d'obligations.

Plus, tous intérêts conservés par la loi ;

Les immeubles dont la désignation suit :

DÉSIGNATION.

Les terrains ayant une contenance totale et superficielle de 115,524^m,91, situés à Paris, quartier d'Auteuil, traversés en partie par le nouveau boulevard, tenant la totalité d'un côté au chemin militaire des fortifications, d'un autre côté à MM. Duparc, Halphe, Guerre, Moreau, Jousseaume, au cimetière d'Auteuil, à M. Renard et à la Compagnie générale des omnibus ; d'un autre côté à M. Erlanger ; au rond-point, à la petite rue de l'Alma, et du quatrième côté à la route de Versailles.

Plus, toutes les constructions qui sont établies et à établir sur lesdits terrains, et notamment *le Palais de l'Exposition universelle, internationale et permanente*, qui va être édifié, sur une étendue de 42,105 mètres, avec diverses façades en pierre de taille ; une série d'arcades qui régneront autour de ce même Palais, sur des socles en pierre de roche dure ; à l'intérieur du Palais, les points d'appui seront en fonte, les fermes et planchers en fer et en tôle ; la couverture sur plan demi-circulaire, suivant la courbure des fermes, sera en verre double et demi-double, à l'exception des pavillons d'angle qui seront couverts en métal.

Ainsi que lesdits immeubles se poursuivent et comportent, avec toutes les circonstances et dépendances et toutes constructions en cours d'exécution, et à édifier par la suite, notamment celle du *Palais de l'Exposition universelle, internationale et permanente*, ses dépendances et autres accessoires, sans aucune réserve ni exception.

Sur lesquels M. Buon, ès noms et M. Viboux consentent qu'il soit pris et renouvelé, au profit de la Société civile de Crédit, et aux frais de la *Société du Palais de l'Exposition*, toutes inscriptions nécessaires, tant contre ladite Société en particulier, que contre M. Buon et M. Viboux, son coassocié.

DISPOSITIONS POUR LE CAS DE PARTAGE OU DE LICITATION.

MM. Buon et Viboux consentent formellement que, dans le cas où un partage leur attribuerait divisément les immeubles hypothéqués, les parts et portions échues à chacun d'eux soient affectées à la sûreté et garantie des causes du crédit, en principal, intérêts, primes et accessoires quelconques ;

Et que, dans le cas où un seul d'entre eux deviendrait propriétaire par licitation de la totalité desdits immeubles, l'hypothèque continue à frapper sur l'ensemble de ces immeubles sans restriction.

ORIGINE DE PROPRIÉTÉ.

L'origine de la propriété des terrains hypothéqués est établie sur seize feuilles de papier ordinaire, timbrées à l'extraordinaire, laquelle origine de propriété, reconnue exacte par MM. Buon et Viboux, est demeurée annexée à la minute des présentes, après avoir été certifiée valable par ces messieurs et revêtue d'une mention d'annexe, et a été enregistrée avec ladite minute.

ÉTATS CIVILS de MM. Buon et Viboux.

MM. Buon et Viboux déclarent sous les peines de droit :

M. Viboux qu'il est célibataire et n'a jamais contracté de mariage ;

M. Buon, qu'il est marié en premières noces, sous le régime de la communauté légale à défaut de contrat de mariage, avec dame Julie-Louise-Françoise-Alexandrine Renard, mais il affirme que sa dame n'a apporté en dot aucune valeur pouvant lui donner un droit d'hypothèque légale sur les immeubles ci-dessus affectés ;

Et MM. Buon et Viboux ensemble, qu'ils ne sont et n'ont jamais été chargés d'aucune tutelle ni autre fonction emportant hypothèque légale.

SITUATION HYPOTHÉCAIRE.

M. Buon, ès noms, déclare :

Que les immeubles affectés sont libres de toutes hypothèques ;

Qu'ils sont grevés par privilége, ainsi qu'il résulte de l'établissement de propriété demeuré annexé aux présentes :

1° De la somme de 2,250,000 francs restant due à M. d'Erlanger sur le prix de l'acquisition du 19 mars dernier.   2,250,000   »

2° De celle de 31,085 fr. 60 c., encore due à M. Marly. 31,085 60

3° De celle de 215,399 fr. 80 c., prix de l'acquisition faite des chemins de fer de l'Ouest. 215,399 80

4° De celle de 38,774 fr. 80 c. restant due à M. Voizot. . . .   38,774 80

5° Et de celle de 130,314 fr. 64 c. restant due à M. d'Erlanger sur le prix de la vente du 22 août dernier. 130,314 64

Ensemble. 2,665,574 84

Les frais auxquels donneront lieu ce dépôt, le tirage au sort des obligations, et les payements à faire aux intéressés seront supportés par les crédités.

Le tirage au sort des obligations à rembourser aura lieu chaque année au 15 janvier, et, pour la première fois, au 15 janvier 1864, à la requête et par les soins de M. Buon et du Directeur de la Société de Crédit.

Tous les porteurs d'obligations auront le droit d'assister à cette opération.

Il en sera dressé un procès-verbal notarié, signé par le Directeur de la Société de Crédit et M. Buon.

Le jour et l'heure du tirage au sort, ainsi que le nom et l'adresse de la maison de banque chargée du payement des annuités, seront indiqués par un avis inséré dans les journaux d'annonces légales de Paris, au moins quinze jours avant le tirage au sort des obligations.

L'intérêt des obligations sorties par l'événement du tirage au sort cessera de plein droit à partir du jour fixé pour le remboursement.

A défaut par l'un ou plusieurs des porteurs d'obligations sorties au tirage d'en réclamer et toucher le montant, dans un délai de six mois, à partir de l'époque fixée pour le remboursement, le Directeur de la Société de Crédit et M. Buon, ès nom, auront le droit d'exiger le dépôt à la Caisse des dépôts et consignations des sommes non réclamées, sur récépissés indiquant les numéros des titres.

Ce dépôt libérera les débiteurs, et il aura lieu aux frais, risques et périls des possesseurs d'obligations.

Au fur et à mesure de l'amortissement des obligations, soit par leur payement effectif, soit par le dépôt effectué à la Caisse des dépôts et consignations, le Directeur de la Société de Crédit des porteurs d'obligations, assisté de deux surveillants, donnera mainlevée et désistement, jusqu'à concurrence des sommes amorties, des droits, hyphotèques et inscriptions résultant des présentes.

Le conservateur des hypothèques sera tenu de rayer lesdites inscriptions, sur la simple production des actes de mainlevée et de désistement, sans avoir à se préoccuper de la libération des débiteurs.

VIII.

PROMESSES DE GARANTIES.

Le remboursement des sommes avancées par la Société civile de Crédit, et des obligations qui en seront la représentation, le payement des intérêts et primes, ainsi que de tous accessoires, seront garantis spécialement :

1° Par affectation hypothécaire sur les immeubles de la Société ci-après désignés, comprenant :

Les terrains achetés par MM. Buon et Viboux, conjointement et solidairement, tant en leur nom personnel qu'au nom de la *Société du Palais de l'Exposition universelle, internationale et permanente*, dont ils sont les seuls membres ;

Les constructions déjà commencées sur partie de ces terrains, et celles à édifier par la suite ;

Lesquelles constructions ont notamment pour objet le *Palais de l'Exposition universelle, internationale et permanente*, occupant une superficie de 42,105 mètres, qui sera construit avec diverses façades en pierres de taille, tel que tout sera décrit ci-après ;

2° Et par le transport de l'indemnité qui serait accordée, en cas d'incendie de tout ou partie des constructions assujetties à l'hypothèque, par toutes Compagnies d'assurances, pour, les ayants droit, toucher et recevoir cette indemnité, jusqu'à due concurrence, sur leurs simples reçus.

Le présent crédit étant ouvert pour le bénéfice de la *Société du Palais de l'Exposition universelle, internationale et permanente,* créée entre M. Buon et M. Viboux seuls, et les immeubles de cette Société ayant été acquis, ainsi qu'on l'a dit plus haut, par MM. Buon et Viboux, conjointement, l'affectation hypothécaire et le transport d'indemnité de sinistre ci dessus prévu, seront, pour la plus grande garantie des porteurs d'obligations, consentis par mesdits sieurs Buon et Viboux, conjointement et solidairement.

I X.

RÉALISATION DES GARANTIES.

En conséquence, et pour la réalisation des garanties ci-dessus promises :

A la sûreté du remboursement des sommes avancées et des obligations qui les repré-sentent ; du payement des intérêts et primes : ensemble de tous frais y relatifs; de ceux de lever des titres de propriété et de toutes justifications à fournir ; de ceux de mise à exécution et autres faits et à faire, qui sont ou non susceptibles d'être colloqués de plein droit avec le principal, tous lesquels frais sont exigibles au moment même où ils sont faits ou dus.

M. Buon, ès qualités qu'il agit, et M. Viboux, son coassocié, affectent et hypothèquent spécialement et solidairement, ce qui est accepté par M. Kiener et Hirsch, au nom de la Société civile des porteurs d'obligations, jusqu'à concurrence d'une somme de 9,775,000 francs, ainsi composée :

1° Montant de la présente ouverture de crédit. 7,500,000
2° Prime de 125 francs par obligation. 1,875,000
3° Frais de mise à exécution et autres évalués, sauf à augmenter ou à
    diminuer, à. 400,000

Somme égale. 9,775,000

FRAIS.

Les frais des présentes, ceux d'inscription, de grosse et d'expéditions pour les parties, et tous autres frais à faire pour assurer l'exécution des conventions ci-dessus, seront supportés par la *Société du Palais de l'Exposition universelle.*

Dont acte, rédigé sur modèle représenté et à l'instant rendu.

Fait et passé à Strasbourg, en la demeure de M. Hirsch, pour celui-ci et MM. Buon et Viboux ; et à Günsbach, en sa demeure, pour M. Kiener,

L'an mil huit cent soixante-deux, les quinze et seize septembre.

Et lecture faite, les parties ont signé avec les notaires.

Enregistré à Colmar, le 17 septembre 1862, folio 133, recto, case 1.

Société Buon, Viboux.	5	»
— Viboux Kiener, Hirsch.	5	»
Ouverture de crédit.	2	»
Décimes.	2	40
Reçu 14 fr. 4 décimes	14	40

Signé : BENOIST.

Signé : VERNER, notaire.

Légalisé par le Président du Tribunal civil de Colmar, le 27 septembre 1862.

CHAPITRE TROISIÈME

ACTE DE GARANTIE D'EMPLOI DES FONDS

**Représentant les Obligations émises, conformément à l'acte de crédit ci-dessus.
Cet acte est déposé pour minute à Mᵉ LAVOIGNAT, notaire à Paris.**

Extrait du registre des délibérations de la Société de Crédit de l'Exposition universelle, internationale et permanente, créée et constituée par acte passé devant Mᵉ VERNER et son collègue, notaire à Colmar, les 15 et 16 septembre 1862.

Cejourd'hui, 1ᵉʳ octobre 1862, MM. Charles Viboux, banquier à Colmar; *Jean Kiener fils*, manufacturier à Munster, et Charles Hirsch, banquier à Strasbourg; le premier directeur et les deux autres surveillants de la *Société de Crédit*, tous trois composant son Conseil d'administration, se sont réunis à Colmar et ont pris la décision suivante :

Sur les quinze mille obligations au porteur, de 500 fr. chacune, que la Société du Palais de l'Exposition universelle, internationale et permanente doit émettre et remettre à la *Société de Crédit*, il en sera immédiatement émis cinq mille par voie de souscription publique.

Le produit de leur réalisation sera versé au Crédit foncier de France par le crédit du compte que cette institution a ouvert dans ce but à M. Viboux.

Il ne pourra être retiré ni touché aucune somme ainsi versée que contre des reçus signés de M. Viboux, comme directeur, et visés par M. Jean Kiener fils et Ch. Hirsch comme surveillants.

Un extrait de la présente délibération certifié par M. Viboux devra être déposé par lui en l'étude de Mᵉ Lavoignat, notaire à Paris.

Ont signé, les jour, mois et an que dessus :

Charles VIBOUX, *directeur.*

Surveillants : { J. KIENER fils.
{ Ch. HIRSCH.

Pour extrait, certifié conforme et véritable,

Signé : Ch. VIBOUX.

Enregistré à Colmar, le 4 octobre 1862, folio 83, verso, case 4. — Reçu 2 fr. et 40 c. pour subvention. — Signé : BENOIST.

CHAPITRE QUATRIEME

INSCRIPTION DE L'HYPOTHÈQUE

L'hypothèque consentie par MM. Buon et Viboux, aux termes de l'acte sus-énoncé, sur les immeubles du Palais de l'Exposition universelle et permanente, a été inscrite au deuxième bureau des hypothèques de la Seine, le 25 septembre 1862, vol. 635, n° 129, pour les sommes portées audit acte (voir page 24).

TABLEAU

De l'amortissement de l'Emprunt de

SEPT MILLIONS CINQ CENT MILLE FRANCS

En capital, intérêts et primes, à rembourser en vingt et une annuités, par la Société en participation du Palais de l'Exposition universelle, internationale et permanente, par la voie du tirage au sort.

SERVICE DE L'EMPRUNT

ANNÉES	CAPITAL	INTÉRÊTS ANNUELS	AMORTISSEMENT			ANNUITÉS TOTALES
			OBLIGATIONS	SOMMES	PRIMES	
1	7,500,000	375,000	480	240,000	60,000	675,000
2	7,260,000	363,000	500	250,000	62,500	675,500
3	7,010,000	550,500	520	260,000	65,000	675,500
4	6,750,000	337,500	540	270,000	67,500	675,000
5	6,480,000	324,000	560	280,000	70,000	674,000
6	6,200,000	310,000	584	292,000	73,000	675,000
7	5,908,000	295,400	608	304,000	76,000	675,400
8	5,604,000	280,200	632	316,000	79,000	675,200
9	5,288,000	264,400	656	328,000	82,000	674,400
10	4,960,000	248,000	684	342,000	85,500	675,500
11	4,618,000	230,900	712	356,000	89,000	675,900
12	4,262,000	213,100	736	368,000	92,000	673,100
13	3,894,000	194,700	768	384,000	96,000	674,700
14	3,510,000	175,500	800	400,000	100,000	675,500
15	3,110,000	155,500	832	416,000	104,000	675,500
16	2,694,000	134,700	864	432,000	108,000	674,700
17	2,262,000	113,100	900	450,000	112,500	675,600
18	1,812,000	90,600	936	468,000	117,000	675,600
19	1,344,000	67,200	972	486,000	121,500	674,700
20	858,000	42,900	1,012	506,000	126,500	675,400
21	352,000	17,600	704	352,000	88,000	457,600
TOTAUX...		4,583,800	15,000	7,500,000	1,875,000	13,958,800

SOCIÉTÉ CIVILE

DE

L'EXPOSITION UNIVERSELLE ET PERMANENTE

STATUTS DE LA SOCIÉTÉ

Déposée pour minute à Mᵉ LAVOIGNAT, notaire à Paris, rue Caumartin, 29

ACTE DE SOCIÉTÉ

ENTRE LES SOUSSIGNÉS :

1° M ERNEST BUON, propriétaire, demeurant à Paris, boulevard des Capucines, n° 35,
 d'une part;

2° M. CHARLES VIBOUX, banquier à Colmar et à Mulhouse, demeurant à Colmar, lequel déclare ici qu'il agit, tant en son nom personnel qu'au nom de divers capitalistes dont il est le représentant, et pour lesquels, au besoin, il se porte fort,
 d'autre part;

IL A ÉTÉ EXPOSÉ ET CONVENU CE QUI SUIT :

1° Par un premier acte sous signature privée, fait à Paris, à la date du deux décembre mil huit cent soixante-un, et enregistré à Paris, le dix du même mois de décembre, folio cent soixante-huit, v°, case sept, au droit de cinq francs cinquante centimes, décime compris ;

2° Par un second acte, en date des dix-sept et dix-huit août mil huit cent soixante-deux, enregistré à Paris, le dix-huit même mois, fᵉ cent vingt-quatre, v°, case une, au droit de six francs, double décime compris ;

Aux termes des deux dits actes, une association en participation a été formée entre M. Buon et M. Viboux, à l'effet :

1° De réunir un nombre suffisant d'abonnés exposants pour occuper, à titre de locataires, *un emplacement d'une surface minimum de cinquante mille mètres* dans le Palais de l'Exposition universelle et permanente que les soussignés s'étaient proposé d'édifier à Paris ;

2° De faire les acquisitions de terrain nécessaires à la construction de ce Palais, et d'en réaliser la construction.

Pour satisfaire à la première de ces conditions, une somme de cinq cent mille francs a été apportée à ladite association par M. Viboux. En second lieu, des terrains, qui seront désignés plus bas, ont été acquis de divers, conjointement et solidairement, et par moitié pour chacun d'eux, par MM. Buon et Viboux, et enfin, les constructions ont été commencées sur lesdits terrains.

M. Viboux a seul apporté les différentes sommes au moyen desquelles les dépenses faites jusqu'à ce jour ont été soldées ; ces dépenses s'élèvent en ce moment au chiffre de *trois millions de francs.*

Dans les actes susdits ont été mentionnés l'approbation de S. M. l'Empereur, accordée au projet de création d'une Exposition universelle et permanente, et les autorisations données par les ministres des finances et du commerce pour en faciliter l'exécution.

Dans cet état, attendu que déja toutes les acquisitions d'immeubles faites par les soussignés l'ont été comme preneurs conjoints et solidaires, mais que les actes susdits n'ont encore eu, par leur nature, aucun effet vis-à-vis des tiers, les soussignés ont jugé opportun de les modifier comme suit, en réalisant par une Société civile ce qu'ils ont commencé d'exécuter par simple voie de participation.

En conséquence, ils ont réglé entre eux, d'une manière définitive, leurs rapports de la façon suivante :

ARTICLE PREMIER.

MM. Buon et Viboux s'associent par le présent acte pour la construction d'un Palais propre à recevoir l'Exposition internationale, universelle et permanente de tous les produits des sciences, des arts, de l'agriculture, de l'industrie et du commerce. Ce Palais sera bâti *sur les terrains d'Auteuil,* dans l'enceinte de Paris, *lesquels ont été achetés à cet effet.*

ART. 2.

Il existera entre eux, à cet effet, une Société civile et particulière, et comme telle régie par les seules dispositions du Code Napoléon.

ART. 3.

La présente Société a pour objet :

1° L'ACHAT DE TOUS LES TERRAINS nécessaires pour la construction du Palais de l'Exposition universelle et permanente, des annexes ou dépendances dudit Palais qui sont ou seront reconnues utiles, telles que docks ou magasins généraux ;

2° L'ouverture de voies nouvelles à créer pour faciliter l'accès des constructions à édifier, soit en faisant exécuter directement ces voies nouvelles, soit par voie d'abandon à la ville des terrains nécessaires pour l'ouverture de ces nouveaux chemins et rues;

3° La location et la revente des terrains qui ne seraient pas employés à des constructions ;

4° La location des emplacements du Palais ou de ses annexes et dépendances pour recevoir les produits des sciences, des arts, de l'agriculture, de l'industrie et du commerce, provenant de tous les pays sans exception, et encore toutes les opérations accessoires qui peuvent servir à développer ou compléter lesdites locations, la présente énonciation n'ayant rien de limitatif.

ART. 4.

La présente Société commencera à dater de ce jour, pour durer trente et une années. Son siége est établi boulevard des Capucines, n° 35, à Paris.

Pendant toute la durée de la Société, les parties *pourront toujours la convertir en Société anonyme* ou *autre* dont les dispositions présentes serviront de base principale.

Si cette conversion s'opère dans le délai de six mois après l'ouverture du Palais de l'Exposition, il suffira pour la réaliser du consentement des parties qui interviennent au présent acte et des membres du Comité ci-après établi, mais à la condition que toutes les clauses du présent acte seront maintenues, et qu'il n'y aura absolument que la forme de changée.

Après ce délai, les modifications à faire subir au présent acte auront lieu conformément à l'article 31. Dans tous les cas, le Directeur général aura les pouvoirs nécessaires pour remplir toutes les formalités relatives à cette conversion.

ART. 5.

M. Buon aura seul la gestion de l'administration de la Société.

Afin de préciser par un titre l'objet de la présente association, celle-ci prendra la dénomination suivante : **Société civile de l'Exposition universelle et permanente.**

M. Buon prendra dans tous les actes le titre de Directeur général, dont il devra faire précéder ou suivre sa signature toutes les fois qu'il agira au nom de la Société.

CAPITAL DE L'ASSOCIATION.

ART. 6.

La Société possède des terrains d'une contenance de *cent quinze mille cinq cent soixa-te-*

deux mètres quarante-trois centimètres. Ces terrains sont situés à Paris, quartier d'Auteuil ; ils forment un ensemble qui se compose de cinq parties, savoir :

1° Quatre-vingt-quinze mille mètres, acquis de M. Emile d'Erlanger, banquier à Paris, aux prix, clauses et conditions stipulés dans un acte de vente reçu par M⁰ Lavoignat, notaire à Paris, le dix-neuf mars mil huit cent soixante-deux ;

2° Deux mille mètres, acquis de M. Jean-Gaspard Marly, aux prix, clauses et conditions stipulés dans un acte de vente, reçu par M⁰ Lavoignat, notaire à Paris, les vingt et un et vingt-deux mars mil huit cent soixante-deux ;

3° Deux mille cinq cents mètres quatre-vingts centimètres acquis de M. Frédéric Voizot, juge au tribunal de Versailles, aux prix, clauses et conditions stipulés dans un acte de vente reçu par M⁰ Lavoignat, notaire à Paris, le trois mai mil huit cent soixante-deux ;

4° Douze mille six cent soixante-dix mètres cinquante centièmes, en deux parties, acquis de la Compagnie des chemins de fer de l'Ouest, aux prix, clauses et conditions stipulés dans un acte de vente, reçu par M⁰ Lavoignat, notaire à Paris, le seize avril mil huit cent soixante-deux ;

5° Trois mille cent quatre-vingt-onze mètres treize centimètres, en deux parties, acquises de M. d'Erlanger, au prix, clauses et conditions stipulés dans un acte de vente reçu par M⁰ Lavoignat, notaire à Paris, le vingt-deux août mil huit cent soixante-deux.

Tous ces divers contrats de vente ont été transcrits, et la purge des hypothèques légales a été faite sur deux d'entre eux, ceux qui portent les numéros un et deux ; elle est commencée sur le numéro cinq ; quant aux ventes faites par M. Voizot et par la Compagnie de l'Ouest, lesquelles portent les numéros trois et quatre, elles n'exigigeaient pas cette formalité.

La valeur totale de ces divers immeubles, en y comprenant la plus-value qui résulte actuellement pour eux de l'établissement, soit d'une Exposition universelle et permanente, soit des constructions qui s'exécutent et des voies nouvelles qui viennent d'être ouvertes, est estimée aujourd'hui à la somme de sept millions.

Les constructions à opérer pour l'édification du Palais et de ses annexes sont estimées, selon les plans et devis arrêtés, au maximum de huit millions.

Soit donc un total de quinze millions de francs, représentés actuellement par la valeur des terrains et celle des constructions déjà faites ou à faire.

ART. 7.

M. Viboux apporte en Société une somme de *cinq millions de francs,* sur lesquels *trois millions* ont déjà été versés.

A l'égard des deux millions de surplus, M. Viboux s'oblige à en effectuer le versement au fur et à mesure des besoins de la Société.

ART. 8.

M. Buon apporte à la Société les études qui constituent son projet d'Exposition ; les peines et soins par lui consacrés à la réalisation de l'exploitation sociale, jusqu'à concurrence des premiers cinquante mille mètres ; le concours des industriels et des commerçants qui ont déjà adhéré à cette entreprise, et enfin son industrie personnelle et la consécration de tout son temps, qui y sera exclusivement employé.

ART. 9.

MM. Buon et Viboux expliquent : qu'aux termes d'un acte passé devant Mᵉ Verner et son collègue, notaires à Colmar, les 15 et 16 septembre 1862, il a été ouvert par la Société créée par le même acte et dite *Société de crédit du Palais de l'Exposition universelle internationale et permanente*, à la Société en participation, convertie par le présent acte en Société civile, un crédit de sept millions cinq cent mille francs, réalisable à la volonté de la Société créditée ; et ladite somme remboursable avec intérêts et primes aux époques et de la manière déterminée en l'acte dont il s'agit. (*Voir les actes d'ouverture de crédit imprimés séparément.*)

Et qu'aucune somme n'a encore été versée sur le crédit qui repose par hypothèque sur les immeubles de la Société, s'étendant à toutes constructions faites et à faire.

Il demeure convenu que la Société civile sera substituée à la Société en participation pour l'exécution de ce crédit, dont elle pourra demander la réalisation à son profit, et demeurera pour ce cas assujettie à l'exécution de tous les engagements pris envers la Société créditeur.

ART. 10.

L'apport de cinq millions de M. Viboux lui sera remboursé par les bénéfices de la Société de la manière suivante :

Après déductions faites des frais généraux, de l'intérêt et de l'amortissement annuel des dettes et charges de la Société, ou grevant les immeubles, il sera prélevé 50 pour cent des produits de la Société pour amortir, en capital et intérêts, sur le pied de 5 pour cent, l'apport de M. Viboux. Le surplus des produits sera distribué à titre de bénéfice, comme il est dit à l'article 37.

ART. 11.

Les associés ne seront pas tenus dans les pertes de la Société au delà de leur mise, même à l'égard des tiers.

ART. 12.

Pour représenter les bénéfices nets et la proportion dans laquelle ils doivent être répartis, il est créé mille parts, dites bénéficiaires. En conséquence, ces parts ne représentent aucune partie du capital versé ; elles touchent annuellement les bénéfices qui leur sont attribués, conformément aux articles 10 et 37, et deviennent seules propriétaires de tout l'actif mobilier et immobilier de la Société, au fur et à mesure des amortissements déterminés par les articles précédents.

ART. 13.

Chaque part bénéficiaire est susceptible d'être divisée en dix fractions égales.

Toutes les parts ou fractions de parts sont nominatives ou au porteur, excepté les cinquante parts dont il sera parlé ci-après qui seront nominatives jusqu'au moment où elles toucheront les revenus à l'égal des autres.

Ces mille parts sont réparties de la manière suivante :

Cinquante parts sont présentement affectées à la rémunération des services rendus à la Société. Ces cinquante parts ne commenceront à participer aux bénéfices, à l'égal des autres parts, que lorsque la moitié du capital de douze millions cinq cent mille francs affecté aux dépenses aura été amortie. Ces cinquante parts formeront ainsi une série à part, et se distingueront des autres par une couleur différente et par l'indication de leur nature, c'est-à-dire l'indication de parts bénéficiaires de rémunération ; elles seront numérotées de neuf cent cinquante et un à mille. Lorsqu'elles commenceront à toucher, à l'égal des autres, le revenu qui leur est attribué, il sera donné des titres pareils. Dans les cas où les fondateurs viendraient à racheter ces parts de rémunération, ils pourraient émettre de suite cinquante autres parts ordinaires, et dans les mêmes conditions que les neuf cent cinquante autres.

Un certain nombre de parts ordinaires, prises sur celles qui vont être attribuées à M. Viboux, pourra être affecté à la rémunération des services rendus à la Société par tous ceux qui, à des titres divers, lui auront apporté leur concours. Cette répartition sera faite par M. Buon, d'accord avec M. Viboux. Sur les parts restantes, après les 50 parts susdites, 750 sont attribuées à M. Viboux, sauf à celui-ci, quand il le jugera opportun, de faire connaître les noms des titulaires, afin que la transmission soit faite à qui de droit.

Les 200 autres parts seront attribuées à M. Buon.

ART. 14.

Les parts bénéficiaires seront nominatives ou au porteur. Les parts nominatives se transmettent par la voie de transferts qui seront constatés par déclarations inscrites sur un registre spécial, et signées du Directeur général et des parties intéressées ; les parts au porteur pourront se transmettre par la simple tradition du titre.

ART. 15.

Toutes ces parts bénéficiaires seront extraites d'un registre à souche créé à cet effet. Elles porteront, tant sur la souche que sur le titre à délivrer, la signature du Directeur général et celle d'un membre du Comité ; elles seront timbrées du timbre de la Société et porteront au dos un extrait des statuts.

ART. 16.

La Société ne reconnaît qu'un seul propriétaire pour un dixième de part bénéficiaire.

Les droits et obligations attachés à chaque part bénéficiaire suivent le titre dans quelques mains qu'il passe.

ART. 17.

Les héritiers ou créanciers d'un propriétaire de part ne peuvent, sous quelque prétexte que ce soit, provoquer l'apposition de scellés sur les biens et valeurs de l'Association, en demander le partage ou la licitation, ni s'immiscer en aucune manière dans son administration; ils doivent, pour l'exercice de leurs droits, s'en rapporter aux inventaires.

ADMINISTRATION DE LA SOCIÉTÉ.

DIRECTEUR GÉNÉRAL.

ART. 18.

M. Ernest Buon, directeur général, a tous les pouvoirs nécessaires à ce titre pour gérer et administrer la présente Société.

Le Directeur général administre activement et passivement tous les biens meubles et immeubles de la Société; il peut faire tout traité avec la Ville, opérer toute cession de terrains pour l'établissement des voies publiqus, en faire établir lui-même aux frais de la Société, avec l'autorisation de la Ville; faire tous achats, échanges ou ventes, faire procéder à la construction de tous les établissements nécessaires à la Société, faire tous marchés et traités; vendre les terrains inutiles à la Société; faire tous baux et locations desdits terrains ou des parties des établissements qui ne seraient pas utilisés au profit de la Société; procéder à la location des mètres destinés aux exposants, en fixer les prix, clauses, charges et conditions, tant pour la France que pour tous les autres pays du monde, faire enfin toutes les opérations accessoires qui peuvent être le développement ou le complément de l'objet de la présente Société; le tout sauf les restrictions contenues aux articles 22 et 31 ci-après :

Le Directeur général devra consacrer tout son temps aux intérêts de la Société; il ne pourra s'occuper d'affaires étrangères qu'à la condition que la Société ne pourra en souffrir d'aucune manière.

Le Directeur général dirige tuutes les actions judiciaires de la Société et défend celles intentées contre elle. Il peut transiger et compromettre. Il reçoit les créances de la Société, en opère le placement, en fixe l'intérêt. Il paye les dettes de la Société; il peut exiger, recevoir et quittancer toutes les sommes dues à la Société, consentir toute mainlevée d'opposition ou d'inscription hypothécaire, ainsi que tout désistement de privilége, avant comme après payement. *Pour la négociation des emprunts présentement ou ultérieurement autorisés, il stipule toute garantie, consent toute hypothèque ou antichrèse, fait toutes conditions; il crée tous titres représentant les créances des sommes qui peuvent être empruntées ou dues, il fixe* tous droits de commission à titres divers et tous intérêts, fait toutes cessions ou transports de créances, détermine le placement des fonds disponibles.

Le Directeur général choisit et révoque les divers employés ou agents de la Société ; il détermine leurs attributions et leurs services, et fixe leurs traitements et salaires.

Pendant toute la durée de la Société, le Directeur général devra être propriétaire d'au moins 50 parts bénéficiaires, lesquelles seront nominatives et resteront attachées à la souche. Ces parts, servant de garantie de la gestion du Directeur général, ne lui seront rendues qu'après l'apurement de ses comptes.

Il est alloué au Directeur général un traitement fixe de 15,000 francs par an à prélever sur les bénéfices nets et seulement dans les cas où il y en aurait.

Il aura droit, en outre, au remboursement de toutes les dépenses extraordinaires et de tous ses frais de voyage et de déplacement faits dans l'intérêt de la Société.

Il aura droit à une indemnité, pour frais de son logement, si le logement est séparé des bureaux de la Société.

ART. 19.

M. Ernest Buon est et demeure constitué Directeur général de la Société de l'Exposition universelle et permanente.

ART. 20.

Le décès ou la retraite du Directeur général, pour quelque motif que ce soit, n'entraînera pas l'annulation ou la dissolution de la présente Société.

Le Directeur général ne pourra se retirer qu'un mois après avoir averti M. Viboux, son associé, lequel représente les capitalistes ou le Comité, si celui-ci est en fonctions.

Dans ce dernier cas, il doit en outre déposer sa démission dans une réunion générale des propriétaires de parts bénéficiaires, convoquée à l'effet de la recevoir.

En cas de retraite ou de démission, le Directeur général a le droit de présenter son successeur au Comité consultatif et à la réunion générale des propriétaires de parts bénéficiaires. En cas de décès du Directeur général, le même droit de présentation est dévolu à ses héritiers. Dans les deux cas, ce successeur, pour être admis, devra être agréé par le Comité et par la réunion générale.

Lorsqu'il y aura lieu de remplacer le Directeur général, il y sera pourvu par les propriétaires de parts bénéficiaires, le Comité entendu.

ART. 21.

En aucun cas, les héritiers ou ayants cause du Directeur général ne pourront requérir aucune apposition de scellés sur les biens et valeurs de la Société, sous quelque prétexte que ce soit ; ils devront, pour l'exercice de leurs droits, s'en rapporter aux livres sociaux et aux délibérations de l'Assemblée.

COMITÉ CONSULTATIF.

ART. 22.

Il est créé un Comité des porteurs de parts bénéficiaires, lequel se compose de cinq membres, y compris M. Viboux.

Pour constituer ce Comité, M. Viboux désignera les titulaires de parts, au plus tard, de ce jour à l'ouverture du Palais, et pourra, dès que cette désignation sera faite, provoquer une réunion générale des susdits titulaires, à l'effet de nommer les membres du Comité dont, en sa qualité de fondateur, il restera président.

Jusqu'à cette nomination, M. Viboux, comme seul associé en nom, fondateur et fournisseur du capital, en exercera tous les droits.

Chaque membre du Comité devra être titulaire d'au moins 10 parts qui seront inaliénables pendant toute la durée de l'exercice de ses fonctions.

Après la formation du Comité, en cas de décès ou de démission de l'un ou de plusieurs des membres, les autres pourvoiront provisoirement à leur remplacement jusqu'à la première réunion générale, qui nommera définitivement ceux qui devront les remplacer.

La mission de ce Comité consiste à donner ses avis au Directeur général et à exercer vis-à-vis de lui tous les droits des associés.

Toutes les acquisitions, échanges, ventes, cessions, locations d'immeubles devront être soumis préalablement au Comité, qui aura le droit de s'y opposer. Le prix de location des mètres de surface de plancher ou de surface murale pour l'exposition des produits ou des affiches ou tableaux indicateurs sera approuvé par le Comité.

Dans le cas d'opposition de ce dernier, si le Directeur général persiste à suivre la réalisation de ces contrats et la fixation proposée du prix des mètres à louer aux abonnés exposants, il devra en référer à une réunion spéciale des propriétaires de parts bénéficiaires, qui statuera définitivement.

Il vérifie la caisse, examine les livres, la correspondance, le portefeuille et tous les documents relatifs aux affaires de la Société.

Il contrôle spécialement les inventaires et les comptes annuels, qui doivent lui être communiqués quinze jours au moins avant l'époque fixée pour chaque réunion générale annuelle des propriétaires de parts et présente à cette réunion un rapport sur les comptes et sur l'administration du Directeur général.

Le Comité se réunit dans les bureaux de la Société; il décide, à la majorité des membres présents; il peut délibérer, lors même qu'il se trouverait réduit au nombre de trois membres et qu'il y aurait deux absents, empêchés, démissionnaires ou décédés.

Les fonctions de membre du Comité sont gratuites. Toutefois, ils auront droit à deux pour cent des bénéfices nets réalisés par la Société, lesquels seront partagés également entre les cinq membres formant le Comité consultatif.

Le Comité a le droit de convoquer l'Assemblée générale extraordinairement, mais seulement de l'avis de la majorité de ses membres, et après avoir prévenu quinze jours à l'avance le Directeur général de l'objet de la convocation.

Les membres du Comité nomment un secrétaire, qui peut être pris en dehors du Comité, mais parmi les titulaires de parts, et dans ce cas, le secrétaire aura seulement voix consultative.

Le Directeur général a le droit d'assister à toutes les réunions du Comité, mais il n'y a pas voix délibérative.

Les délibérations sont transcrites sur un registre spécial et signées par le président et le secrétaire.

Le Comité s'assemble dans les bureaux de la Société. Il se réunit au moins une fois par an, et, en outre, toutes les fois qu'il le juge convenable, sur la convocation de son président.

Le Directeur général peut également convoquer le Comité consultatif.

RÉUNIONS GÉNÉRALES.

ART. 23.

La réunion générale, régulièrement constituée, représente l'universalité des propriéatires de parts bénéficiaires.

ART. 24.

La réunion générale se compose de tous les titulaires d'une part ou de dix fractions de parts nominatives, ou bien de deux parts ou vingt fractions de parts au porteur; nul ne peut se faire représenter à l'Assemblée générale que par un mandataire, membre de l'assemblée. Toutefois, les titulaires des cinquante parts de rémunération dont il est parlé à l'art. 13 n'auront droit d'assister aux réunions générales que lorsque ces parts seront appelées à participer aux bénéfices à l'égal des autres.

ART. 25.

La réunion aura lieu, pour la première fois, à la fin de l'année où aura été faite l'ouverture du Palais de l'Exposition. Ensuite, elle aura lieu de droit chaque année dans les bureaux du Palais de l'Exposition, dans le courant du mois de février.

ART. 26.

Les convocations seront faites par lettres chargées et par la voie des journaux judiciaires d'annonces de Paris, quinze jours à l'avance.

ART. 27.

La réunion est régulièrement constituée, quel que soit le nombre de membres présents et des parts représentées.

ART. 28.

L'Assemblée est présidée par le président du Comité, ou, à son défaut, par le membre du Comité désigné par le président.

Les deux plus forts propriétaires de parts qui seront présents, et sur leur refus ceux qui les suivent dans l'ordre de la liste des inscriptions jusqu'à acceptation, sont appelés à remplir les fonctions de scrutateurs.

Le secrétaire du Comité consultatif remplit les mêmes fonctions vis à-vis de la réunion générale.

ART. 29.

Les délibérations sont prises à la majorité des membres présents ; en cas de partage, la voix du président est prépondérante. Chacun d'eux a autant de voix qu'il possède de fois une part entière ou dix fractions de parts nominatives, ou de deux parts entières ou vingt fractions de parts au porteur, sans que personne puisse avoir plus de dix voix pour lui-même, ou comme mandataire. Si à un premier tour de scrutin il n'y a pas majorité absolue, il y a lieu à un second tour à la simple majorité relative.

ART. 30.

L'ordre du jour est arrêté par le Directeur général ou par le Comité consultatif, dans le cas où la convocation de l'Assemblée générale est faite par ce dernier.

Dans l'un et l'autre cas, aucun autre objet que ceux à l'ordre du jour ne peut être mis en délibération. Cependant, si le Directeur général et le comité consultatif sont d'accord pour faire une proposition à l'assemblée en dehors de l'ordre du jour, la délibération devra avoir lieu.

ART. 31.

L'assemblée générale entend le rapport du gérant et celui du Comité sur la situation des affaires de la Société. Elle discute, rejette ou approuve les comptes. Après l'amortissement du capital social, elle fixe le bénéfice à distribuer aux parts bénéficiaires, qui jusque-là reste fixé conformément à l'art. 37. Elle nomme les membres du comité consultatif toutes les fois qu'il y a lieu ; elle délibère sur toutes les propositions du Comité ou du Directeur général ; elle discute les demandes d'augmentation du capital ou celles d'emprunts hypothécaires autres que les emprunts approuvés spécialement dans les présents statuts ou réalisés ; elle prononce sur toutes les modifications à faire aux présents statuts, et sur toute conversion de la présente Société ; elle prononce souverainement sur tous les intérêts de la Société, et confère au Directeur général les pouvoirs nécessaires pour les cas qui n'auraient pas été prévus.

ART. 32.

Les délibérations de l'Assemblée, prises conformément aux statuts, obligent tous les propriétaires de parts même absents ou dissidents.

ART. 33.

Le Directeur général n'a pas voix délibérative pour l'approbation de ses comptes ou toutes autres questions qui lui seraient personnelles.

ART. 34.

Les délibérations sont constatées par des procès-verbaux, inscrits sur un registre spécial, et signés par la majorité des membres composant le bureau.

ART. 35.

La justification à faire vis-à-vis des tiers des délibérations de l'Assemblée résulte des copies ou extraits certifiés conformes par le président du Comité consultatif et par le secrétaire.

INVENTAIRES, COMPTES ANNUELS, INTÉRÊTS, DIVIDENDES, AMORTISSEMENT.

ART. 36.

L'année sociale commence le 1er janvier et finit le 31 décembre ; toutefois, le premier exercice comprendra le temps écoulé entre le 2 décembre 1861 et le 31 décembre 1863, et, en outre, tout le temps pendant lequel a duré l'organisation qui a préparé l'affaire.

La première réunion générale sera convoquée pour le mois de février 1864. A la fin de chaque année, le Directeur dresse l'inventaire général de l'actif et du passif et arrête les comptes de la Société. Les comptes sont soumis à l'Assemblée, qui les approuve ou les rejette, après avoir entendu le rapport du Comité. Si les comptes ne sont pas approuvés séance tenante, l'Assemblée peut nommer des commissaires chargés de les examiner et de faire un rapport à la prochaine réunion.

ART. 37.

Tous les produits de l'Association seront employés dans l'ordre suivant : d'abord, ils serviront à acquitter les dépenses d'entretien, les frais d'administration et autres frais constituant les frais généraux, puis l'intérêt des emprunts qui auront été contractés avec l'amortissement nécessaire pour éteindre les dettes et rembourser le capital de la Société.

Après ce prélèvement, fait conformément à l'art. 10, les bénéfices restants nets seront répartis comme suit :

90 pour cent aux parts bénéficiaires ;

2 pour cent au Comité consultatif ;

8 pour cent au Directeur général.

MODIFICATIONS AUX STATUTS.

ART. 38.

L'Assemblée générale peut, sur la proposition du Directeur général ou du Comité consultatif, apporter aux statuts toutes les modifications, additions ou changements qui seraient reconnus utiles.

Elle peut notamment autoriser :

1° L'augmentation du capital ;

2° La prolongation de l'Association.

Dans ces divers cas, les convocations doivent contenir l'indication sommaire de l'objet de la réunion.

LIQUIDATION ET DISSOLUTION.

ART. 39.

La dissolution de la Société n'aura pas lieu par le fait du décès d'un ou de plusieurs de ses membres.

Elle continuera entre les survivants et les héritiers des décédés. En cas de décès du Directeur général, il sera pourvu à son remplacement, conformément à l'art. 20.

A l'expiration de la Société, la liquidation sera faite par le Directeur général, qui aura à cet effet les pouvoirs les plus étendus, notamment pour vendre, soit à l'amiable, soit aux enchères, tous les immeubles de la Société, ou en opérer l'échange.

Toutefois, dans le cas de vente ou d'échange par voie amiable, le président du Comité consultatif sera adjoint au Directeur général, et son approbation sera nécessaire pour que le directeur général puisse opérer ces ventes ou ces échanges.

A défaut d'acceptation de la liquidation par le directeur général, la réunion générale nomme deux liquidateurs, et, pendant tout le cours de cette liquidation, les pouvoirs de cette Assemblée continueront comme pendant l'existence de la Société.

ART. 40.

La présente Société, étant une Société civile, ne sera pas soumise aux publications légales exigées pour les Sociétés commerciales.

Fait double à Paris, le 25 septembre 1862.

Lu et approuvé, CHARLES VIBOUX.

Lu et approuvé, ERNEST BUON.

Enregistré à Colmar, le 4 octobre 1862, folio 88, verso, case 5 ; reçu 2 fr., plus 2 décimes.

Signé : BENOIST.

Paris. — Imprimerie FÉLIX MALTESTE et Cie, rue des Deux-Portes-Saint-Sauveur, 22.